पुस्तक की प्रशंसा में

'संसार का वैश्वीकरण बढ़ेगा, जिससे नए अवसर और नई चुनौतियाँ सामने आएँगे। पेशेवर युवाओं को नई योग्यताएँ सीखने और तराशने की ज़रूरत होगी। महत्त्वपूर्ण उनका ज्ञान नहीं होगा, बल्कि यह होगा कि वे अपने ज्ञान का करते क्या हैं। यह पुस्तक निश्चित रूप से इंजीनियरों के पेशेवर करियर में लाभकारी होगी। इसे पढ़ना आसान है और यह किसी व्यक्ति को वास्तविक संसार का सामना करने में मदद करती है।'

सोम मित्तल, भूतपूर्व प्रेज़िडेंट, नैस्कॉम

'*मैंने आई.आई.टी. में जो नहीं सीखा* ज्ञान और परिपूर्णता की राजीव की सतत खोज का उत्कृष्ट गहन चिंतन है। हममें से कुछ लोगों को राजीव की विनम्रता और ज्ञान की पिपासा से परिचित होने का सौभाग्य मिला है तथा इस पुस्तक में उनके ये दोनों ही गुण स्पष्ट रूप से प्रतिबिंबित होते हैं। यह देखना आश्चर्यजनक है कि राजीव ने अपने बरसों लंबे सफल करियर में जो सीखा है, उसे वे कितनी ख़ूबी से अगली पीढ़ी के उन लोगों को पहुँचा रहे हैं, जो नौकरी के संसार में दाख़िल हो रहे हैं - भले ही वे कोई भी मार्ग चुन रहे हों। यह पुस्तक असाधारण है, पढ़ने में आसान है और जीवन की किसी भी अवस्था वाले ऐसे व्यक्ति के लिए है, जो कुछ सीखना चाहता है और अपनी पूरी संभावना को साकार करना चाहता है।'

एस. सॉमसेगर, कॉर्पोरेट वाइस प्रेज़िडेंट,
द डेवेलपर डिविज़न, माइक्रोसॉफ़्ट कॉर्पोरेशन

'हम इस पुस्तक की प्रतियाँ अपने इंजीनियर प्रशिक्षणार्थियों को दे रहे हैं, जो इसी साल विश्वविद्यालय के कैंपस से हमारे यहाँ काम करने आए हैं। बहुत ही व्यावहारिक विचार। हर पेशेवर को इन्हें अपने दैनिक जीवन में अपनाना चाहिए!'

सुनील गोयल, चीफ़ ऑपरेटिंग ऑफ़िसर, सोप्रा ग्रुप इंडिया

'एक उत्कृष्ट वृत्तांत, जिसे सरल भाषा में लिखा गया है। मैं एक ही बैठक में पूरी पुस्तक पढ़ गया। इससे हमें "कैंपस नियुक्तियों" के भीतर छिपी योग्यता को ऑफ़िस में उजागर करने का अवसर मिलता है। इसे पढ़ना हर उस युवा पेशेवर के लिए अनिवार्य है, जो सही तरीक़े से सफल होना चाहता है!'

श्रीनिवास शास्त्री, वाइस प्रेज़िडेंट, एच.आर., बिरलासॉफ़्ट

'पढ़ने में आसान है और जल्दी पढ़ी जा सकती है। जाँचसूचियों ने मेरा दिल जीत लिया। सच कहूँ तो इस पुस्तक को पढ़कर मैंने कई बातें सीखीं, जिन्हें मैं अपने कामकाज/जीवन में उतारना चाहता हूँ। मेरी ख़्वाहिश है कि मैं अपनी पूरी टीम को यह पुस्तक पढ़ने को दूँ। बेहतरीन पुस्तक!'

शिवा शेनॉय, सह-संस्थापक और वाइस-प्रेज़िडेंट, क्लेम्स-एक्स-चेंज

'इस पुस्तक में दिए उदाहरण और विचार लगभग सभी उद्योगों में लागू हो सकते हैं। पिछले 25 सालों से मैंने राजीव को उनका अभ्यास करके करियर में आगे बढ़ते देखा है। मुझे विश्वास है कि ये विचार कई नए स्नातकों के करियर को आगे बढ़ाने में भी मदद करेंगे। मैं इस पुस्तक की दिल से अनुशंसा करता हूँ।'

ओ.पी. गोयल, पूर्णकालिक डायरेक्टर, जे.के. पेपर लिमिटेड

'विप्रो, सिस्को, ई.एम.सी. और अब महिन्द्रा सत्यम जैसी वैश्विक कंपनियों में व्यवसायों का नेतृत्व करते हुए मैंने कई सफल लोगों के साथ काम किया है। इस पुस्तक में बताई गईं व्यक्तिगत सफलता की आदतें मुझे बहुत

कारगर लगती हैं। जो भी इंसान अपने करियर में तरक्की करना चाहता है, उसके लिए इसे पढ़ना अनिवार्य है।'

मनोज चुग, ग्लोबल हेड -
बिज़नेस डेवेलपमेंट, ऐंटरप्राइज़ डिविज़न, टैक महिन्द्रा

'यह प्रामाणिक और प्रेरक पुस्तक कई युवा स्नातकों के करियर को आगे बढ़ाने में मदद करेगी। कई प्रशिक्षण विभाग इस पुस्तक का इस्तेमाल अपने प्रशिक्षण कार्यक्रम में करेंगे। नए स्नातकों के लिए इसे पढ़ना अनिवार्य है, यदि वे सफल आदतें डालना चाहते हैं और कॉलेज के बाद के जीवन को लेकर सही दृष्टिकोण हासिल करना चाहते हैं।'

अंकुर प्रकाश, वाइस प्रेज़िडेंट और चीफ़ ऑपरेटिंग ऑफ़िसर -
टी.सी.एस., लैटिन अमेरिका

'अति-क्षमता से परेशान कई उद्योगों के साथ भारतीय कंपनियों के पास अब भी आई.टी. सेवाओं के क्षेत्र में नेतृत्व करने का अवसर है। टीम सदस्यों की प्रभावकारिता को बढ़ाना भी किसी कंपनी का विकास करने का एक तरीक़ा है। प्रगतिशील कंपनी के रूप में एम.ए.क्यू. सॉफ़्टवेअर इस पुस्तक में बताई कुछ प्रमुख विकास तकनीकों पर चली है। मैं उद्योग के लीडरों से इस पुस्तक की बहुत अनुशंसा करता हूँ कि वे अपना कारोबार बढ़ाने के लिए इसे अपनी टीमों तक पहुँचाएँ।'

वर्न हार्निश, गज़ेल्स, इनकॉर्पोरेटिड के संस्थापक और सी.ई.ओ.
तथा *मास्टरिंग द रॉकफ़ेलर हैबिट्स* के लेखक

'यह एक बेहतरीन पुस्तक है; ज़मीन से जुड़ी है, सरल भाषा में है और जटिल मुद्‌दों को स्पष्ट करने के लिए सहज बोध का इस्तेमाल करती है। उम्मीद है कि यह पुस्तक बहुत-से इंजीनियरों और अन्य लोगों के लिए आत्म-अवलोकन का साधन बनेगी और ख़ुद को बेहतर बनाने के लिए जाँचसूची के रूप में इस्तेमाल होगी।'

अर्जुन मल्होत्रा, सह-संस्थापक,
एच.सी.एल. टेक्नोलॉजीज़ और हेडस्ट्रॉन्ग

मैंने आई.आई.टी. में जो नहीं सीखा

मैंने आई.आई.टी. में जो नहीं सीखा

कैंपस से ऑफ़िस तक का सफ़र

राजीव अग्रवाल

अनुवाद : डॉ. सुधीर दीक्षित

PENGUIN BOOKS
An imprint of Penguin Random House

पेंगुइन बुक्स

यूएसए । कनाडा । यूके । आयरलैंड । ऑस्ट्रेलिया । सिंगापुर

न्यू ज़ीलैंड । भारत । दक्षिण अफ्रीका । चीन

पेंगुइन बुक्स, पेंगुइन रैंडम हाउस ग्रुप ऑफ कम्पनीज़ का हिस्सा है जिसका पता global.penguinrandomhouse.com पर मिलेगा

पेंगुइन रैंडम हाउस इंडिया प्रा. लि.
चौथी मंजिल, कैपिटल टावर 1, एमजी रोड,
गुरुग्राम 122002, हरियाणा, भारत

अंग्रेज़ी का प्रथम संस्करण: रैंडम हाउस इंडिया, 2013
हिंदी का प्रथम संस्करण: रैंडम हाउस इंडिया 2014
यह हिंदी संस्करण 2018 में प्रकाशित

अनुवाद: डॉ. सुधीर दीक्षित

10 9 8 7 6

सहयोगी प्रकाशक

मंजुल पब्लिशिंग हाउस
द्वितीय तल, उषा प्रीत कॉम्पलेक्स 42 मालवीय नगर, भोपाल - 462003
7/32, भू तल, अंसारी रोड़ दरियागंज, नई दिल्ली - 110002
ई-मेल : manjaul@manjulindia.com

ISBN 9788184005677

मुद्रक: रेप्लिका प्रेस प्रा. लि, भारत

www.penguin.co.in

विषय-सूची

*‘हम वही बन जाते हैं, जो हम बार-बार करते हैं।
यानी उत्कृष्टता कोई क्रिया नहीं, बल्कि आदत है।’*

-ऐरिस्टॉटल

प्रस्तावना

सफल उद्यमी बनने से पहले राजीव ने कई सालों तक माइक्रोसॉफ़्ट में काम किया था। जब उन्होंने सलाह और राय के लिए इस पुस्तक का शुरुआती ड्राफ़्ट मुझे दिया, तो मेरे दिमाग़ में पहली बात तो यह आई कि राजीव में कितना जोश है, जो वे अपने करियर में सीखी बातों से सबको लाभ पहुँचाना चाहते हैं - ऐसी बातें जो आपको शैक्षणिक संस्थाओं में नहीं सिखाई जातीं - उनके मामले में आई.आई.टी.; मेरे मामले में कॉलेज ऑफ़ इंजीनियरिंग, गिन्डी, ऐना युनिवर्सिटी।

मैं सोचने लगा कि जब से मैंने माइक्रोसॉफ़्ट में काम शुरू किया है, उसके बाद के 25 सालों के करियर में मैंने कितना कुछ सीखा है - वह कंपनी, जहाँ मैं कॉलेज से निकलते ही नौकरी करने लगा था। यदि मुझे सारांश में अपनी सीखी 3 विशेष बातें बतानी हों, तो वे ये हैं :

(अ) **अपने दिल का अनुसरण करो** - जिस चीज़ के बारे में दिल में जोश हो, वही करो। क्योंकि तभी आप अपना सर्वश्रेष्ठ काम करने के लिए प्रेरित होंगे और तभी आपका वैसा प्रभाव पड सकता है, जैसा आप डाल सकते हैं और डालना चाहते हैं।

(ब) **अपना सर्वश्रेष्ठ प्रदर्शन करो** - चाहे आपका वर्तमान पद जो भी हो, अपना सर्वश्रेष्ठ प्रदर्शन करने की कोशिश करें, क्योंकि इसकी बदौलत आप उन जगहों पर पहुँच जाएँगे, जिनके आपने कभी सपने भी नहीं देखे होंगे, जिनकी आपने कल्पना भी नहीं की होगी।

(स) **सीखने की निरंतर ललक और रोमांच** - यह आगे बने रहने और अपनी पूर्ण संभावना तक पहुँचने का सर्वश्रेष्ठ तरीक़ा है।

जिस तरह आईना आपका सच्चा बाहरी रूप दर्शाता है, उसी तरह आपके महत्त्वपूर्ण मूल्यों या आपकी सीखी बातों से यह पता चलता है कि आप दूसरों में किस चीज़ को देखते हैं। माइक्रोसॉफ़्ट में हम हर साल वरिष्ठता के अलग-अलग पदों पर हज़ारों नए कर्मचारी नियुक्त करते हैं। सबसे अच्छे और सबसे प्रतिभाशाली लोगों को नियुक्त करना माइक्रोसॉफ़्ट के लिए निहायत ज़रूरी है और यह एक ऐसी चीज़ है, जिसके बारे में मैं जोशीला हूँ। मैंने इस बात पर ग़ौर किया है कि माइक्रोसॉफ़्ट में किसी भी पद पर आसीन जो लोग इन तीन विचारों पर अमल करते हैं, वे ज़्यादा सफल होते हैं। जो लोग अपने दिल का अनुसरण करते हैं, वे अपने काम को लेकर जोशीले और रोमांचित होते हैं, जिससे उनकी टीम, उनके जीवनसाथी और उनके ग्राहक ऊर्जावान बन जाते हैं। जो लोग अपनी भूमिका में अपना सर्वश्रेष्ठ करने की कोशिश करते हैं, वे असाधारण परिणाम देते हैं, जिससे उनकी टीम सफल होती है। और जिन लोगों में सीखने की निरंतर ललक और रोमांच होता है, वे कंपनी जगत में परिवर्तन की तेज़ गति के हिसाब से ढल सकते हैं, ख़ास तौर पर टेक्नोलॉजी उद्योग में। मुझे उन लोगों से मिलकर हमेशा खुशी होती है, जो जोशीले, मेहनती और सीखने को लेकर रोमांचित होते हैं।

माइक्रोसॉफ़्ट में मैं डेवेलपर डिविज़न का प्रभारी हूँ और इसका एक बहुत संतुष्टिदायक हिस्सा पिछले 10 साल से माइक्रोसॉफ़्ट इमैजिन कप का स्पॉन्सर होना है। द इमैजिन कप संसार की सबसे प्रमुख विद्यार्थी प्रौद्योगिकी प्रतिस्पर्धा है। इसने पूरे संसार के 16.5 लाख विद्यार्थियों को उद्योग की सबसे रोमांचक नई प्रौद्योगिकियों का इस्तेमाल सीखने और उनका सृजन करने का अवसर दिया है। जो भी मुझे जानता है, वह इस बात को भी जानता है कि मैं विज्ञान और प्रौद्योगिकी में, ख़ासकर कंप्यूटर विज्ञान में, विद्यार्थियों की रुचि को प्रोत्साहित करने को लेकर कितना जोशीला हूँ।

इमैजिन कप में मैं विद्यार्थियों के साथ काफ़ी समय बिताता हूँ। इससे मुझे सीधे समझ में आता है कि जब विद्यार्थी कैंपस के जीवन से ऑफ़िस के जीवन में कदम रखते हैं, तो उनके सामने किस तरह की चुनौतियाँ और अवसर होते हैं - जिसके बारे में राजीव ने इस पुस्तक में विस्तार से

लिखा है। जब कई विद्यार्थी इमैजिन कप में हिस्सेदारी करते हैं, तभी उन्हें पहली बार पता चलता है कि ऑफ़िस में उन्हें किस तरह के नए अनुभव होंगे - समय का प्रभावकारी उपयोग, टीमवर्क का महत्त्व और परिणामों पर एकाग्रता। पहली बार उन्हें यह समझने का अवसर मिलता है कि उनकी रचनात्मकता, ऊर्जा और विचारों को ऐसे समाधानों में बदला जा सकता है, जो संसार के बहुत-से लोगों की असली समस्याओं को सुलझा सकते हैं। द इमैजिन कप मेरे लिए उन युवाओं के साथ काम करने का बेहतरीन अवसर रहा है, जो जोशीले हैं, सीखने को लेकर रोमांचित हैं, जिज्ञासु हैं, स्व-प्रेरित हैं और जिनमें बेहतरीन कामकाजी आदतें हैं। प्रौद्योगिकी के क्षेत्र में क़दम रखने वाले युवाओं में इन गुणों को देखना बहुत ही रोमांचक है। मुझे वाक़ई यक़ीन है कि इन अद्भुत विद्यार्थियों के स्वप्न और आकांक्षाएँ ही हैं, जो उनमें से प्रत्येक को निकट भविष्य में भारी सफलता की राह दिखाएँगी तथा प्रौद्योगिकी के अगले चरण तक हमें मार्गदर्शन देंगी। जैसा मैं हमेशा कहता हूँ, आज के विद्यार्थी ही कल के लीडर हैं। वे कंपनियों, राज्यों और देशों की अगली पीढ़ी को चलाएँगे।

इस पुस्तक में राजीव आई.आई.टी. से कारोबारी जगत की सफलता तक पहुँचने के अपने अनुभव बताते हैं। इनमें से कुछ अनुभव विश्वविद्यालय से उद्योग तक पहुँचने की मेरी राह में भी रहे हैं। इस पुस्तक में कई बातें ऐसी हैं, जिन्हें मैं हर साल इमैजिन कप में शामिल विद्यार्थियों को पहली बार अनुभव करते देखता हूँ या माइक्रोसॉफ़्ट में आने वाले नए कर्मचारियों में देखता हूँ। और इन अनुभवों में आपको यही बात विस्तार से बताई जाएगी कि अपने दिल का अनुसरण करो, अपना सर्वश्रेष्ठ प्रदर्शन करो और सीखने की निरंतर ललक तथा रोमांच रखो।

नमस्ते!

एस. सॉमसेगर
कॉर्पोरेट वाइस प्रेज़िडेंट - डेवेलपर डिविज़न
माइक्रोसॉफ़्ट कॉर्पोरेशन

भूमिका

'किसी विषय से परिचित होने का सबसे अच्छा तरीक़ा उसके बारे में पुस्तक लिखना है।'

–बेंजामिन डिज़राइली,
पूर्व ब्रिटिश प्रधानमंत्री और उपन्यासकार

मैंने यह पुस्तक क्यों लिखी?

कुछ साल पहले की बात है। मेरी कंपनी में कॉलेज के नए स्नातक अपनी नौकरी की शुरुआत करने आए थे और मैं उन्हें अपनी कंपनी की जानकारी दे रहा था। उस समय मैं कंपनी की संभावनाओं को लेकर बहुत आशावादी था (तब 2008 का आर्थिक संकट सामने नहीं आया था)। कई नए स्नातक मेरी बात सुनने को लेकर उत्सुक, प्रेरित और रोमांचित थे।

मेरी बात पूरी होने के बाद एक स्नातक ने मुझे घेर लिया और पूछा, 'आपकी सफलता का राज़ क्या है?' मैं कोई जवाब नहीं दे पाया। मैंने इस सवाल के बारे में कभी सोचा ही नहीं था। एम.ए.क्यू. सॉफ़्टवेअर एक नई कंपनी थी, जो एक बहुत प्रतिस्पर्धी बाज़ार में ज़िंदा रहने की कोशिश कर रही थी। हालाँकि हमारी कंपनी सफल थी, लेकिन मेरे पास बड़ी अपेक्षाओं वाली इस भोली स्नातक की बात का कोई तैयार जवाब नहीं था। उसने सचमुच गंभीरता से यह सवाल पूछा था और वह किसी नायाब मंत्र की उम्मीद कर रही थी। समस्या यह थी कि सफलता तो *एक* नुस्ख़े कहीं से अधिक होती है।

जवाब न देना या टाल देना संभव नहीं था, इसलिए मैंने उसे अनुशासन और कठोर मेहनत जैसा नीरस जवाब दे दिया। लेकिन उसका

सवाल मुझे खटकता रहा। जवाब देने के लिए कई विचारों को स्पष्ट करने की ज़रूरत थी। दरअसल, उस सवाल का जवाब देने के लिए मुझे एक पूरी पुस्तक लिखनी पड़ी।

मैं नियमित रूप से विद्यार्थियों, शिक्षाविदों और औद्योगिक लीडरों से संवाद करता हूँ। तीनों ही समूह उद्योग की कमियों के लिए एक-दूसरे को दोष देते हैं। विद्यार्थी कहते हैं कि उनके पास योग्य शिक्षकों की कमी है और कॉलेज उन्हें असली ज़िंदगी के काम के लिए तैयार नहीं करता। शिक्षाविद् कहते हैं कि विद्यार्थी पढ़ते नहीं हैं। औद्योगिक लीडर हमारे शिक्षा तंत्र द्वारा तैयार किए गए स्नातकों की गुणवत्ता से निराश होते हैं। यह एक अंतहीन दुष्चक्र है।

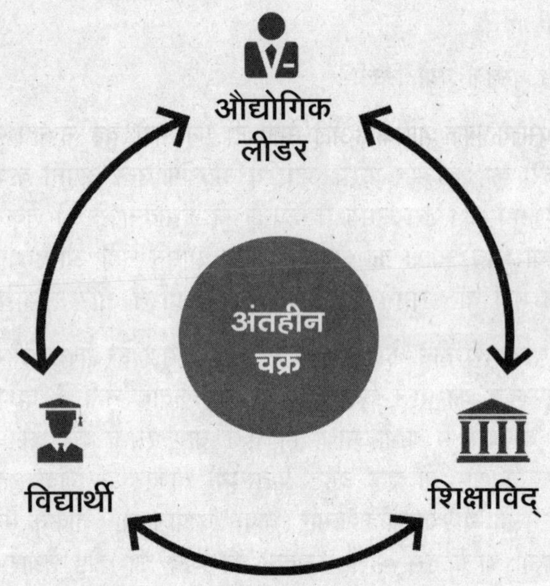

बेहतरीन विद्यार्थी अपने शिक्षकों से सीखने के अलावा भी सीखने की क्षमता रखते हैं। बेहतरीन संस्थाएँ संभावनाओं को भाँपती हैं और औसत विद्यार्थियों को श्रेष्ठ स्नातकों में बदल देती हैं। बेहतरीन कंपनियाँ अपने कर्मचारियों की कच्ची क्षमता का उपयोग करने और बेहतरीन

परिणाम पाने के लिए बेहतरीन तंत्र बनाती हैं। कोई भी शिक्षक ऊँचे आई.क्यू. वाले विद्यार्थी को जीनियस में बदल सकता है। कोई भी विद्यार्थी बेहतरीन शिक्षकों से ज्ञान हासिल कर सकता है। कोई भी कंपनी आई.आई.टी. स्नातकों को नियुक्त करके ज़्यादा परिणाम हासिल कर सकती है। समस्या यह है कि बेहतरीन शिक्षक, बेहतरीन विद्यार्थी और बेहतरीन कंपनियाँ दुर्लभ हैं। हमारे पास इनमें से एक भी न कभी पर्याप्त रही है, न कभी रहेगी। देश और समाज के रूप में हमारी चुनौती यह है कि हमारे पास जो भी है, हम उसे उसमें बदल दें, जिसे हम चाहते हैं कि वह हमारे पास हो।

मुद्‌दों का सामना करने के बजाय हम अपना ध्यान विदेशी हाथ की ओर मोड़ लेते हैं या किसी दूसरे की ओर हाथ बढ़ा देते हैं। मुझे उम्मीद है कि मेरे जीवन के उदाहरणों के द्वारा यह पुस्तक लघु रूप से दोषारोपण के खेल को ख़त्म करने में मदद करेगी।

इस पुस्तक का शीर्षक 'आई.आई.टी. ने मुझे यह नहीं सिखाया' इसलिए नहीं रखा गया, क्योंकि सभी विश्वविद्यालय सभी विद्यार्थियों को सीखने के बेहतरीन अवसर देते हैं। नेतृत्व, सैद्धांतिक शिक्षा, खेल जगत, संगीत और कई अन्य क्षेत्रों में विद्यार्थियों के सामने अवसर आते हैं। ज्ञान की नदी सभी शिक्षण संस्थाओं में प्रवाहित हो रही है। यह मुझ पर निर्भर था कि मैं अपने विकास के इन अवसरों को पहचानूँ और इनका लाभ लूँ।

सलाह देने की मेरी आदत नहीं है। ज़्यादातर लोग सलाह की तलाश कर भी नहीं रहे हैं। इसीलिए 'आपको यह करना चाहिए' इस पुस्तक में सिर्फ़ एक ही बार नज़र आएगा - इसी पृष्ठ पर। मैं अपने अनुभव सिर्फ़ इसलिए बता रहा हूँ, ताकि पाठक अपने निष्कर्ष खुद निकाल सकें। मेरे ज़्यादातर अनुभव सॉफ़्टवेअर उद्योग से संबंधित हैं, मगर कुछ विचार शायद दूसरे उद्योगों के भी काम आ सकते हैं।

यह पुस्तक इसलिए अलग है, क्योंकि मैंने इसे एम.ए.क्यू. सॉफ़्टवेअर के सक्रिय सी.ई.ओ. के रूप में लिखा है। यह काफ़ी पहले रिटायर हो चुके इंसान की जीवनी या संस्मरण नहीं है। मैं सोचता हूँ कि लीडरों को

अपने अनुभव बताने चाहिए, ताकि वे लोगों के लिए एक आदर्श बन सकें।

'आपने इस पुस्तक पर कितने समय काम किया?' कॉलेज के एक विद्यार्थी ने हाल ही में मुझसे पूछा, जब मैंने उसे इसकी प्रकाशित प्रति दी। गंभीरता से मैंने जवाब दिया, 'जीवन भर।' हालाँकि पुस्तक लिखने में सिर्फ़ तीन महीने का समय लगा, लेकिन इसमें शामिल विचारों को सीखने और उन पर अमल करने में काफ़ी लंबा समय लगा है।

बहुत पहले बेंजामिन फ़्रैंकलिन ने कहा था, 'या तो पढ़ने लायक़ कोई चीज़ लिखो या फिर लिखने लायक़ कोई चीज़ करो।' मुझे उम्मीद है कि आप दोनों ही काम करेंगे।

1
परिचय

'तो सुनिश्चित करें कि आप कब क़दम बढ़ाते हैं। सावधानी और बहुत चतुराई से क़दम रखें। याद रखें कि जीवन संतुलन बनाने का नाम है। कभी भी निपुण और चतुर बनना न भूलें। कभी भी अपने दाएँ और बाएँ पैर में भ्रमित न हों। और क्या आप सफल होंगे? हाँ! आप सचमुच होंगे! (98.75 प्रतिशत सफलता की गारंटी है।) बच्चे, तुम पहाड़ हिला दोगे।'

–डॉ. स्यूस, ओह, द प्लेसेज़ यू विल गो!

आई.आई.टी. से निकले हुए मुझे 25 साल हो गए हैं। तब से मैं तीन वैश्विक उद्योगों में सैकड़ों लोगों के साथ काम कर चुका हूँ – अप्लायन्सेस, सॉफ़्टवेअर और परामर्श। मैंने ऐसे कई इंजीनियरों के साथ काम किया है, जिन्होंने तेज़ी से तरक्की की, जबकि बहुतों ने ज़्यादा समय लिया।

इन सभी लोगों के साथ काम करते समय मैंने सफलता के एक आम कारणों पर ग़ौर किया। जो लोग जीवन के किसी भी क्षेत्र में सफल हैं – चाहे यह राजनीति, खेल जगत, कारोबार या शिक्षा जगत हो – उनका आचरण और आदतें ज़्यादातर एक-सी होती हैं।

मैं जब पलटकर अपने जीवन की ओर देखता हूँ, तो मुझे एक बात पता चलती है। जब मुझे अहसास हुआ कि मुझे उस नक़्शे का अनुसरण करना चाहिए, जिसका अनुसरण सफल लोगों ने किया था, तो

मेरी यात्रा ज़्यादा आसान बन गई। जब मैंने सफल लोगों के आम गुणों और आरचरण को निरंतरता से अपनाया, तो सफल होना आसान था।

इस पुस्तक में मेरा ज्ञान, मेरे अवलोकन और औद्योगिक अनुभव पर आधारित मेरा गहन चिंतन शामिल है। साथ ही, इसमें कई पेशेवर लोगों के साथ मेरे संवाद का सार भी है। जब मैं इन विषयों पर बात करता हूँ, तो मैं सीखने की मानसिकता रखता हूँ। मुझे उम्मीद है कि अपने करियर में आगे बढ़ते समय इन जानकारियों से आपको लाभ होगा।

दृष्टिकोण

इनमें से ज़्यादातर विचार सदियों पुराने हैं और शायद सदियों बाद तक क़ायम रहेंगे। कड़ी मेहनत करना और प्रो-ऐक्टिव (सक्रिय) बनना नए विचार नहीं हैं।

अगर हमारा हाल भी अपने माता-पिता की पीढ़ी जैसा रहा, तो हममें से ज़्यादातर लोग 65 साल की उम्र तक रिटायर नहीं हो पाएँगे। इसका मतलब है कि कॉलेज से निकलने के बाद हममें से अधिकतर को 40 साल तक नौकरी करनी होगी।

जब मैं कॉलेज में था, तो मेरा लक्ष्य स्पष्ट था : स्नातक होने के बाद कोई अच्छी नौकरी हासिल करना। ज़्यादातर नियोक्ता इंजीनियरों को शुरुआती स्तर पर नौकरी देना पसंद करते हैं, क्योंकि उनमें तकनीकी ज्ञान होता है। बहरहाल, सफलता हासिल करने के लिए तकनीकी ज्ञान से कुछ ज़्यादा की ज़रूरत होती है। मैं उत्तर प्रदेश के शाहजहाँपुर में पला-बढ़ा था। यह कृषि-आधारित अर्थव्यवस्था वाला एक छोटा शहर था। वहाँ मैं कई पेशेवर योग्यताएँ नहीं सीख पाया था, जिनकी ज़रूरत ज्ञान-आधारित अर्थव्यवस्था में सफल होने के लिए थी।

मेरे पेशेवर विकास को सीमित करने वाले कई घटक शायद ये थे :

1. ज़्यादातर परिवारों की तरह मेरे माता-पिता और मेरे गृहनगर के लोग मानते थे कि चूँकि मुझे आई.आई.टी. में दाख़िला मिल गया है, इसलिए मेरी सफलता सुनिश्चित है। वे यह मानकर

चल रहे थे कि आई.आई.टी. में दाख़िला पाने के लिए जितने गणित, भौतिकी और रसायनशास्त्र की ज़रूरत होती है, वे सफल करियर के लिए पर्याप्त होते हैं।

2. जब मैं कॉलेज में पहुँचा, तो मैंने ग़लती से यह मान लिया कि सफलता का केवल एक ही मार्ग है। बाद में जाकर मैंने सीखा कि सफलता के कई मार्ग होते हैं; कोई एक फ़ॉर्मूला या मंत्र नहीं है। हमें जो सलाह मिलती है, उसमें से कुछ विरोधाभासी भी होती है। कुछ सफल लोगों ने कॉलेज की पढ़ाई अधूरी छोड़ दी थी, जबकि बाक़ी ने बाद में एम.बी.ए. भी किया। मुझे कॉलेज की पढ़ाई अधूरी छोड़ देनी चाहिए या अपनी डिग्री पूरी करनी चाहिए? इस सबसे मैं इकलौता सबक़ यह सीख सकता हूँ कि जो मेरे लिए कारगर है, हो सकता है कि वह आपके लिए कारगर न हो। जीवन में हम सभी का शुरुआती बिंदु अलग होता है; हम सभी के पास अनूठी शक्तियाँ, कमज़ोरियाँ और अवसर होते हैं।

3. मैंने ख़ुद को ऐसे लोगों से घेर रखा था, जिनके विचार अल्पकालीन थे (यानी, 'इस वीकएंड पर हम कौन-सी फ़िल्म या क्रिकेट मैच देखें?')। मैं नहीं जानता था कि अपने दीर्घकालीन करियर के बारे में सोचते समय अल्पकालीन अपेक्षाओं को पूरा करने का दबाव कैसे सुलझाऊँ।

हालाँकि मुझे पता नहीं था, लेकिन हाई स्कूल और आई.आई.टी. में मैंने जो साल गुज़ारे, उस दौरान संसार बहुत तेज़ी से वैश्वीकरण की राह पर चल रहा था। उस वक़्त भारतीय अर्थव्यवस्था विदेशी निवेशों के लिए खुली नहीं थी। कई अन्य प्रगतिशील देशों की तरह हमारी सरकार भी आत्म-निर्भरता पर भारी ज़ोर देती थी और आयात से बचती थी।

मई 1995 में हार्वर्ड के मशहूर प्रोफ़ेसर जॉन पी. कॉटर ने हार्वर्ड से एम.बी.ए. करने वाले विद्यार्थियों के लंबे अध्ययन के परिणाम प्रकाशित किए। उन्होंने 1974 वाली हार्वर्ड बिज़नेस स्कूल की क्लास के 115 सदस्यों का 20 से अधिक वर्षों तक अध्ययन किया।

अपनी पुस्तक *द न्यू रूल्स : हाउ टु सक्सीड इन टुडेज़ पोस्ट-कॉर्पोरेट वर्ल्ड*[1] में प्रोफ़ेसर कॉटर बताते हैं कि 1973 के तेल संकट ने किस तरह करियर की राहों, तनख़्वाह के स्तरों, कॉर्पोरेशन्स के तंत्रों तथा कार्य-प्रक्रिया और काम की प्रकृति को बदल दिया था।

हालाँकि उनके शोध के बाद बहुत कुछ बदल चुका है, लेकिन कॉटर ने दिखाया कि बड़े कॉर्पोरेशन्स के पारंपरिक करियर मार्ग 'अपने आप सफलता की ओर नहीं ले जाते हैं' जैसा कभी हुआ करता था (न्यू रूल #1)। उनके अनुसार, वैश्वीकरण 'शिक्षा, प्रेरणा और योग्यता वाले लोगों के लिए नए अवसर' उत्पन्न कर रहा है (न्यू रूल #2) और उन लोगों के लिए जोखिम उत्पन्न कर रहा है, जो प्रतिस्पर्धा से घबराते हैं तथा सुरक्षा को अति महत्त्व देते हैं।

115 एम.बी.ए. विद्यार्थियों के विकल्प-चयनों, कार्यों, सफलताओं और असफलताओं के साल-दर-साल विश्लेषण के ज़रिये कॉटर ने प्रमाण पेश किया कि सबसे बड़े अवसर 'बड़ी नौकरशाही वाली कंपनियों से खिसककर ज़्यादा छोटी या ज़्यादा उद्यमी कंपनियों की ओर पहुँच गए हैं' (न्यू रूल #3)। कॉटर का निष्कर्ष है कि जो लोग सफल होते हैं, वे जीवन भर 'सीखना जारी रखने की इच्छुकता' दर्शाते हैं (न्यू रूल #8)।

अव्यवस्था और अनिश्चितता

द न्यू रूल्स के प्रकाशन के बाद इंटरनेट का उदय हुआ और इससे हर चीज़ बदल गई। जैसी कॉटर ने भविष्यवाणी की थी, टेलिकम्युनिकेशन में तरक्की से वैश्वीकरण का युग आया, जिसने भारी अवसर उत्पन्न किए। बड़ी कंपनियाँ बनीं। शेयर बाज़ार में इंटरनेट कंपनियों की दीवानगी आई और इसके बाद उनके पतन का दौर भी आया। हम कई वैश्विक आर्थिक संकटों के साक्षी रहे हैं। अब विशेषज्ञ कह रहे हैं कि पिछले 15 वर्षों में हमने जो उथल-पुथल देखी है, वह *नई सामान्य* स्थिति है। हमें इस नवीन वास्तविकता को आत्मसात कर लेना चाहिए और इसके अनुरूप योजना बना लेनी चाहिए।

जब मैं युनिवर्सिटी ऑफ़ मिशिगन में एम.बी.ए. का विद्यार्थी था, तो

वैश्वीकरण की प्रवृत्तियों पर भारी ज़ोर दिया जाता था। लेकिन मैं इसके प्रभाव को उस वक़्त नहीं समझ सकता था। मैं कभी कल्पना भी नहीं कर सकता था कि मैं किसी ऐसी कंपनी का हिस्सा बनूँगा, जिसके कर्मचारी दो टाइम ज़ोन में काम करते हों, जिनमें लगभग 12 घंटों का फ़र्क़ हो।

उद्योगों के वैश्वीकरण से कई देशों को फ़ायदा हुआ है, जिनमें भारत भी शामिल है। सस्ती इंटरनेट सुविधाओं और सस्ते कंप्यूटरों की वजह से काम संसार में कहीं भी हो सकता है। और जैसे-जैसे वैश्वीकरण बढ़ रहा है, परिवर्तन की रफ़्तार भी बढ़ती जा रही है।

आज जब मैं किसी भी उद्योग के सीनियर मैनेजरों से बात करता हूँ, तो वे प्रॉडक्ट और सेवाओं के वस्तु बन जाने की समस्या का सामना करते हैं। उनके मुनाफ़े का प्रतिशत कम हो रहा है। वरिष्ठ मैनेजर मुझे बताते हैं, 'देखो, हर कोई वही चीज़ बेच रहा है और इकलौता फ़र्क़ दाम का है।'

इन दो संचालक घटकों - बढ़ी हुई वैश्विक प्रतिस्पर्धा और प्रॉडक्ट व सेवाओं के वस्तु (बिकने वाली वस्तु) बनने - के साथ ही नेतृत्व की भूमिका भी हर स्तर पर अधिक महत्त्वपूर्ण हो गई है। जैसा *गुड टु ग्रेट*[2] में जिम कॉलिन्स ज़िक्र करते हैं, बेहतरीन कंपनियों की कई परंपराएँ समान होती हैं। वे कंपनी में अनुशासित लोगों को नियुक्त करती हैं। वे अनुशासित विचार का अभ्यास करते हैं। वे अनुशासित अंदाज़ में काम करती हैं। रातोरात सफलता को हासिल करने में 25 साल या उससे ज़्यादा समय लग सकता है।

नया ढाँचा

पुलित्ज़र पुरस्कार विजेता लेखक टॉमस फ़्रीडमैन *द लेक्सस ऐंड द ऑलिव ट्री*[3] में देशों पर वैश्वीकरण के प्रभाव का वर्णन करते हैं। अपनी पुस्तक में फ़्रीडमैन कहते हैं कि देशों को स्ट्रेटजैकेट, यानी एक सुनहरा तंग जामा पहनना होता है। विकिपीडिया के अनुसार, स्ट्रेटजैकेट लंबी आस्तीनों वाली जैकेट जैसी होती है। स्ट्रेटजैकेट पहनने वाले व्यक्ति को हिलने की जगह नहीं मिलती है। आम तौर पर स्ट्रेटजैकेट का इस्तेमाल किसी ऐसे व्यक्ति

को रोकने के लिए किया जाता है, जो इसके बिना ख़ुद को या दूसरों को नुक़सान पहुँचा सकता है।

सुनहरी स्ट्रेटजैकेट के साथ देशों के बीच बढ़ी हुई एकरूपता होती है। हमारी नीतियाँ, नियम, परंपराएँ, अर्थव्यवस्था और फलस्वरूप मिलने वाली जीवनशैली हमारे अपने देश की पृष्ठभूमि से तय नहीं होती है, बल्कि पूरे संसार के साथ परिभाषित और तय होती है। फ्रीडमैन वर्णन करते हैं कि देश किस तरह से सरकार के आकार को सीमित करने, अनुदान घटाने, सार्वजनिक उपक्रमों का निजीकरण करने, आयात कर यानी ड्यूटी कम करने और मुद्रास्फीति को घटाने के लिए विवश हो रहे हैं। निवेशकों को आकर्षित करने और नौकरियाँ उत्पन्न करने के लिए देशों को सरकार के एक कठोर ढाँचे का अनुसरण करना होगा। जो देश अपनी अर्थव्यवस्था को वैश्विक व्यापार के लिए नहीं खोलेंगे, वे ग़रीबी में पीछे छूट जाएँगे।

इंसानों के रूप में भी हमें नया 'ढाँचा' (आई.टी. जैकेट) अपनाना होता है या सुनहरी स्ट्रेटजैकेट पहननी होती है। जब हम परिवर्तन करने के लिए जूझते हैं, तो हम नए नियमों को अपनाने के लिए विवश होते हैं। हममें से ज़्यादातर लोगों के लिए परिवर्तन मुश्किल होता है। मैं ख़ुद भी बदलना पसंद नहीं करता, भले ही यह चाय जितनी छोटी चीज़ ही क्यों न हो। जब मैं दिल्ली से मुंबई से हैदराबाद की यात्रा करता हूँ, तो चाय अलग-अलग ढंग से पिलाई जाती है। मुझे अब भी वैसी ही चाय पसंद है, जैसी मैं घर पर अपने शुरुआती वर्षों में और खड़गपुर में पीता था।

हमारे ख़ुद के दिमाग़ में, हमारे परिवार के दिमाग़ में और हमारे समाज के दिमाग़ में हम द्वंद्व में होते हैं। हमारी पीढ़ी की अपेक्षाएँ और इच्छाएँ हमारे माता-पिता की पीढ़ी से भिन्न हैं। मेरे आई.आई.टी. करने के बाद परिवार वाले चाहते थे कि मैं अपने शहर लौट आऊँ, वहाँ कोई अच्छी नौकरी खोज लूँ, शादी कर लूँ और वहीं बस जाऊँ। दिक्क़त यह थी कि मुझे अपने गृहनगर में नौकरी के कोई ठीक-ठाक अवसर नज़र नहीं आए। इसके अलावा, मेरी आकांक्षाएँ अलग थीं। ज़्यादातर युवा अपने जीवन के महत्त्वपूर्ण विकल्प चुनते समय इसी द्वंद्व का सामना करते हैं, जो हमारी सफलताओं और असफलताओं पर प्रभाव डालते हैं।

हमें दो पीढ़ियों के बीच के द्वंद्व का प्रबंधन करना होता है। क्या हमें नए ढाँचे में ढलना चाहिए, और कितनी तेज़ी से? क्या हम पुराने के कुछ पहलुओं और नए के कुछ पहलुओं को चुन सकते हैं? क्या हम दोनों का मिश्रण कर सकते हैं? क्या हम दोनों के सर्वश्रेष्ठ को ले सकते हैं?

टेबल 1.1 : हमारे ऑफ़िस पिछले 20 वर्षों में कैसे बदले हैं

ऑफ़िस	पुराना ढाँचा	नया ढाँचा
स्थान	गृहनगर, निश्चित रूप से गृहराज्य	बैंगलोर, पुणे, मुंबई, दिल्ली, हैदराबाद और चेन्नई
ऑफ़िस की भाषा	हिंदी या स्थानीय भाषा। अँग्रेजी वैकल्पिक	अँग्रेजी। स्थानीय भाषा वैकल्पिक
कार्य सप्ताह	छह दिन का कार्य सप्ताह	पाँच दिन का कार्य सप्ताह
नौकरी की सुरक्षा	जीवन भर के लिए सुरक्षित	नौकरी की सीमित सुरक्षा
ऑफ़िस की संस्कृति	आरामदेह	तेज़ गति वाली, अत्यधिक काम की माँग करने वाली
आमदनी	वैश्विक मानदंडों से कम	जीने की लागत के बाद तुलनात्मक
रिटायरमेंट	पेंशन	ऐसी कोई चीज़ नहीं
टैक्स	आय-कर दरें ऊँची, कम अनुपालन। टैक्स से बचना	फ़ॉर्म 16, पैन नंबर। आय कर दरें कम, ज़्यादा लोगों द्वारा टैक्स भुगतान। टैक्स से बचना आसान नहीं

टेबल 1.2 : पिछले 20 वर्षों में हमारी जीवनशैली कैसे बदली है

जीवनशैली	पुराना ढाँचा	नया ढाँचा
परिवार	संयुक्त परिवार	अलग-अलग परिवार
स्वास्थ्य	कोई बीमा नहीं	स्वास्थ्य बीमा
टेलिफ़ोन, इंटरनेट	लैंडलाइन फ़ोन (काम नहीं करता था)	मोबाइल फ़ोन (लैंडलाइन फ़ोन की ज़रूरत किसे है?)
भोजन	केवल पारंपरिक	पारंपरिक और फ़ास्ट फ़ूड (पीट्ज़ा, मैकडॉनल्ड्स)
यातायात	बस और बिना ए.सी. वाली ट्रेन	हवाई जहाज़, ए.सी. वाली ट्रेन और कार
ख़रीदारी	स्थानीय व्यापारी	मॉल और ऑनलाइन
समाचार	सरकार द्वारा नियंत्रित। ऑल इंडिया रेडियो और दूरदर्शन	ऑल इंडिया रेडियो और दूरदर्शन को छोड़कर हर चीज़

22 साल की उम्र के कई इंजीनियर आज अपने माता-पिता से दोगुनी कमाई करते हैं, जो लगभग 30-40 साल से काम कर रहे हैं। इस बात से माता-पिता हैरान होते थे। लेकिन अब माता-पिता अपने स्नातक बच्चों के लिए ऊँची तनख़्वाह की उम्मीद करते हैं। कई माता-पिताओं को अहसास ही नहीं होता कि नई तनख़्वाह के लिए यह ज़रूरी है कि उनका स्नातक बच्चा नए ढाँचे को अपनाए। कई परिवार अपनी संतानों के लिए नई तनख़्वाह का लाभ तो चाहते हैं, लेकिन नए ढाँचे को अपनाने से होने वाले दर्द को नहीं चाहते हैं।

हममें से कई लोगों को अचानक वैश्विक कार्य परिवेश में धकेल दिया जाता है, जिसमें अपेक्षाएँ बहुत अलग होती हैं। हालाँकि हम ज़्यादा ऊँची तनख़्वाह और भड़कीले कार्य परिवेश को तो खुशी-खुशी स्वीकार करते हैं, लेकिन हम आई.टी. जैकेट नहीं पहनना चाहते। आई.टी. जैकेट के लिए

यह ज़रूरी है कि अपने नियोक्ताओं की उम्मीदों पर खरा उतरने के लिए हम नए व्यवहार को अपना लें। नए ढाँचे या आई.टी. जैकेट की यह माँग होती है कि हम अँग्रेजी जानें, संयुक्त परिवारों से दूर रहें, महानगरों में जाकर बसें, अपनी योग्यताओं को नवीनतम बनाएँ, आयकर चुकाएँ और पूरे भारत तथा संसार के लोगों के साथ काम करें।

वैश्विक कार्यसमूह में सफल होने के लिए कई नई योग्यताओं, आचरण और आदतों की ज़रूरत होती है। हम ढाँचे के हिसाब से जितनी जल्दी ढल जाते हैं, उसे उतनी ही तेज़ी से अपना सकते हैं।

तमाम चुनौतियों के बावजूद राष्ट्र के रूप में हमने काफ़ी प्रगति कर ली है। हममें से कई लोग नए ढाँचे में अच्छी तरह ढल चुके हैं। फलस्वरूप हमारी अर्थव्यवस्था और सकल घरेलू उत्पाद (जी.डी.पी.) काफ़ी बढ़ गया है। हमारा जीवनस्तर बेहतर हो चुका है।

हम सफल लोगों वाला देश बन गए हैं और हमारा उद्योग बेहतरीन लोगों से भरा हुआ है। मुझे यक़ीन है कि आप पहले ही सफल हैं तथा आगे चलकर और ज़्यादा सफल होंगे। अपने अनुभव बताने के पीछे मेरा इरादा यह है कि आप सभी लोग *दीर्घकालीन* सफलता पाएँ - सिर्फ़ अगले महीने तक ही नहीं, बल्कि 40 साल बाद तक।[4]

2

कैंपस से ऑफ़िस तक का सफ़र

'मैं बिना कुछ जाने पैदा हुआ था और यहाँ-वहाँ इसे बदलने के लिए मेरे पास बस थोड़ा ही समय था।'

-रिचर्ड फ़ेनमैन
भौतिकी के नोबेल पुरस्कार विजेता

आई.आई.टी. खड़गपुर में मेरे अंतिम वर्ष में मुझे मारुति सुज़ूकी में प्रशिक्षणार्थी इंजीनियर के काम का प्रस्ताव मिला। अस्सी के दशक की शुरुआत में भारत में हर साल लगभग 20,000 कारों के ही निर्माण का लाइसेंस मिलता था। भारत सरकार के साथ संयुक्त उपक्रम में सुज़ूकी मोटर कॉर्पोरेशन, जापान ने बाहरी दिल्ली में एक नया कार निर्माण कारखाना लगाया था। नवीनतम इंजीनियरिंग तकनीकों का इस्तेमाल करते हुए यह कारखाना हर साल 1,00,000 कारों के उत्पादन के लिए तैयार किया गया था। 1986 की शुरुआत में इस कारखाने में हर साल 50,000 कारें बनने लगी थीं और यह स्थानीय स्तर पर पुर्ज़े मँगाने की शुरुआती अवस्था में था।

शुरुआती मारुति सुज़ूकी 800 कारों की क़ीमत सिर्फ़ 47,000 रुपए थी, जो इसकी प्रतिस्पर्धियों फ़ीएट और ऐम्बैसडर कारों से काफ़ी कम थी। कार उद्योग आगे की ओर एक बड़ी छलाँग लगा रहा था और जापान की नवीनतम पेशकशों के साथ बराबरी करने लगा था। प्रतिस्पर्धी भारतीय कार मॉडलों में दशकों से नवीनीकरण नहीं हुआ था, क्योंकि एक तो उत्पादन

की संख्या कम थी और दूसरे निर्माण के लाइसेंस पर बंधन थे। लेकिन समय बदल रहा था।

सुज़ूकी मोटर्स ने कारखाना बनाने और शुरू करने के लिए लगभग 200 जापानी विशेषज्ञों को भेजा था। मारुति ने भारतीय बाज़ार के लिए नई कार डिज़ाइन करने वाली इंजीनियरिंग टीम में आई.आई.टी. के 25 मेकैनिकल इंजीनियरों की सेवाएँ ली गईं। मैं यह नौकरी इसलिए चाहता था, क्योंकि नई कार के इर्द-गिर्द का माहौल रोमांचक था और बहुत शानदार निर्माण कारखाने में काम करने का अवसर मिल रहा था। नई दिल्ली के क़रीब गुड़गाँव में पदस्थापना मेरे लिए सुविधाजनक थी, क्योंकि मैं उत्तर भारत में ही था। प्रशिक्षणार्थी इंजीनियर होने के नाते मुझे वेतन और साझा आवास भी मिल रहा था।

जब मैं गुड़गाँव, हरियाणा में 26 मई 1986 को मारुति सुज़ूकी में काम करने पहुँचा, तो मैं निर्माण कारखाने और असेम्बली लाइन के आकार को देखकर हतप्रभ था। खड़गपुर में इंजीनियरिंग का विद्यार्थी होने के नाते मैं टेल्को (जिसे अब टाटा मोटर्स कहा जाता है) देख आया था, जहाँ ट्रक बनते थे। साथ ही, स्टील निर्माता टिस्को (जिसे अब टाटा स्टील कहा जाता है) का कारखाना भी देख चुका था, क्योंकि ये दोनों ही क़रीबी शहर जमशेदपुर में थे। मैंने मेटल बॉक्स का भ्रमण भी किया था (जिसे अब टाटा बियरिंग्स कहा जाता है), जो खड़गपुर में बॉल बियरिंग बनाने का स्थानीय कारखाना है। तीसरे साल समर इंटर्नशिप के दौरान मैंने आयशर मोटर्स ट्रैक्टर रिसर्च और डेवेलपमेंट सेंटर में काम भी किया था।

मारुति सुज़ूकी का कारखाना इन सबसे अलग था; यह बिलकुल नया उत्पादन कारखाना था। यहाँ फ़र्श पर ग्रीस और तेल के निशान नहीं थे तथा वह कचरा भी नहीं था, जिसे मैंने दूसरे कारखानों में देखा था। हर चीज़ सुव्यवस्थित और सही तरीक़े से रखी गई थी। सभी आवश्यक सामान आसानी से उपलब्ध थे और हर सामान का एक उद्देश्य या उपयोगिता थी।

डिज़ाइन इंजीनियरिंग टीम का नेतृत्व ए.जी. देशपांडे नामक जनरल मैनेजर कर रहे थे, जो नेतृत्व करने के लिए पश्चिम जर्मनी से हाल ही

में लौटे थे। हमारे प्रशिक्षण के प्रभारी पी.के. शर्मा नामक भूतपूर्व सैन्य प्रशिक्षक थे। मारुति सुज़ूकी में मेरा अनुभव मेरे कॉलेज के अनुभव से बहुत अलग था और आई.आई.टी. छोड़ने के बाद नौकरी की मेरी अपेक्षाओं से भी। मैं क्लासरूम की शिक्षा का आदी था और मुझे कभी उम्मीद नहीं थी कि मैं असेम्बली लाइन पर काम करके कारों के बारे में इतना ज़्यादा सीख सकता हूँ।

जापानी प्रबंधन शैली के अनुरूप यहाँ भी किसी के लिए कोई निजी ऑफ़िस नहीं था, जनरल मैनेजर का भी नहीं। पूरी इंजीनियरिंग टीम का ऑफ़िस एक दीवाररहित योजना के तहत बनाया गया था, ताकि कर्मचारियों के बीच सहयोग और पारदर्शी संवाद का वातावरण बन सके। निजी बैठकों के लिए कॉन्फ़्रेंस रूम थे, जिनमें से कुछ वरिष्ठ प्रबंधकों के लिए आरक्षित थे। एकरूपता के प्रतीक के रूप में हमें भूरी टोपियों के साथ भूरी यूनिफ़ॉर्म दी गई थी। सुपरवाइज़र और बाक़ी लोगों में अंतर सिर्फ़ इतना था कि सुपरवाइज़र नीली टोपी पहनते थे। सभी लोग, जिनमें असेम्बली लाइन कर्मचारी भी शामिल थे, एक ही कैफ़ेटेरिया में एक जैसा भोजन करते थे।

मेकैनिकल इंजीनियर होने के नाते मैंने इंटरनल कम्बस्शन इंजन, थर्मोडाइनैमिक्स और फ़्लूइड मेकैनिक्स की पढ़ाई की थी। मगर इतने प्रतिष्ठित संस्थान का विद्यार्थी होने के बावजूद मैं कारों के बारे में कुछ भी नहीं जानता था। मेरे ज़्यादातर साथी इंजीनियरों का भी यही हाल था। मारुति सुज़ूकी में अपनी गर्मियों में मैंने कंपनी में नए इंजीनियरों की भर्ती के बारे में जाना। प्रशिक्षण बहुत ही प्रासंगिक और कठोर था।

जापानी नियुक्ति तकनीक का अनुसरण करते हुए मुझे असेम्बली लाइन पर काम करने भेज दिया गया। ऐसा इसलिए किया जाता था, ताकि मुझे कार के अलग-अलग हिस्सों की जानकारी मिल जाए और मैं उन्हें असेम्बल करने का तरीक़ा भी जान जाऊँ। निश्चित रूप से यह बहुत आरामदेह अनुभव नहीं था - उत्तर भारत में गर्मी में पारा काफ़ी ऊपर चला जाता है और तापमान 45 डिग्री सेंटीग्रेड तक पहुँच सकता है।

हर प्रशिक्षणार्थी इंजीनियर सीखने के लिए एक स्टेशन पर काम

करता था और असेम्बली लाइन के एक कर्मचारी की जगह ले लेता था। हर सप्ताह हम एक नए स्टेशन पर पहुँच जाते थे, ताकि कार के किसी दूसरे हिस्से के बारे में सीख सकें। मेरे शुरुआती असेम्बली स्टेशनों में से एक पर मुझे हर कुछ मिनटों में आदर्श तरीक़े से कार पर विंडशील्ड लगानी थी। कोई समस्या आने पर किसी भी कर्मचारी को लाल बटन दबाकर असेम्बली लाइन को रोकने का अधिकार था। यह नीति कर्मचारियों को शक्ति प्रदान करती थी और ऊँची गुणवत्ता सुनिश्चित करती थी। हम अपने काम के बारे में सावधान रहते थे, इसलिए पहली बार में ही सही काम करते थे। हम हाथ के काम पर एकाग्र रहकर बेहतरीन गुणवत्ता की कारें बनाते थे। असेम्बली लाइन रोकने के विकल्प का हम शायद ही कभी इस्तेमाल करते थे, क्योंकि इससे उस दिन के उत्पादन लक्ष्यों पर असर पड़ता था और प्लांट मैनेजर आ धमकता था।

कारों की असेम्बलिंग करते वक़्त मैंने जापानी उत्पादन तंत्रों के बारे में बहुत कुछ सीखा। साथ ही मैंने यह भी सीखा कि हार्नेस और असेम्बली स्टेशन कैसे डिज़ाइन किए जाते हैं। मैंने सीखा कि किसी जटिल यंत्र के बिना विंडशील्ड को लगाना संभव है। कार में काँच की स्क्रीन लगाने के लिए मैं बस एक रस्सी का इस्तेमाल करता था। उनकी श्रेष्ठ उत्पादन इंजीनियरिंग पर मुझे अब भी अचरज होता है और इस बात पर भी कि उन्होंने हर चीज़ को इतना सरल बना दिया था। कार को असेम्बल करने का बस एक ही तरीक़ा था और ग़लत तरीक़े से असेम्बल करना मुश्किल था। बेहतर डिज़ाइन तकनीकों के ज़रिये कंपनी नट-बोल्ट की संख्या और प्रकार को सीमित रखती थी।

दूसरी कंपनियों के उत्पादन कारखानों में एक आम समस्या यह रहती थी कि वहाँ सही पुर्ज़ों की नियमित कमी बनी रहती थी। दूसरी समस्या किसी कार की असेम्बलिंग के लिए ग़लत पुर्ज़ों के इस्तेमाल की थी। मारुति सुज़ूकी के कई पुर्ज़े आपस में बदले जा सकते थे, इसलिए असेम्बलिंग आसान थी और असेम्बली की ग़लतियाँ नहीं होती थीं।

कई सालों बाद अपनी खुद की कंपनी शुरू करते समय मैंने पाया कि कारों की असेम्बलिंग में प्रयुक्त कई विचार सॉफ़्टवेअर उत्पादन पर भी

उतने ही लागू होते हैं। हमने जापानी प्रबंधन तकनीकों से कई इंजीनियरिंग कार्यप्रणालियाँ अपनाईं। नए कर्मचारी का प्रशिक्षण बहुत कठोर और प्रासंगिक होता है। हर एक को यह प्रशिक्षण लेना अनिवार्य होता है, चाहे वह किसी भी पद पर आया हो। सॉफ़्टवेअर लेकर नए इंजीनियर अपना खुद का कंप्यूटर तैयार करते हैं। कंप्यूटर हार्डवेअर से परिचित होने और विश्वास बढ़ाने के लिए नए इंजीनियर अपना कंप्यूटर खुद असेम्बल करते हैं। इसके बाद इंजीनियर अपना ऑपरेटिंग सिस्टम इंस्टॉल करते हैं और शुरुआत से डेवेलपमेंट टूल्स तथा युटिलिटीज़ इंस्टॉल करते हैं। किसी प्रतिष्ठित संस्थान से चार साल की इलैक्ट्रॉनिक इंजीनियरिंग या कंप्यूटर साइंस की डिग्री लेने के बावजूद कई इंजीनियरों ने ज़िंदगी में पहले कभी एक पर्सनल कंप्यूटर असेम्बल नहीं किया होता है। उन्होंने कभी कोई ख़राब हार्ड डिस्क नहीं बदली, कभी किसी पी.सी. में कोई मेमरी मॉड्यूल इंस्टॉल नहीं किया - एक बहुत ही आसान काम।

कारों का उत्पादन करने की तरह ही कई कंपनियाँ सॉफ़्टवेअर टेस्ट हार्नेस और असेम्बली प्रणाली डिज़ाइन करती हैं। इन तकनीकों से यह सुनिश्चित होता है कि सॉफ़्टवेअर को डिज़ाइन करने और उत्पादन के लिए लगाने का सिर्फ़ एक ही सही तरीक़ा हो। टीमवर्क को बढ़ाने और संवाद की दूरियों को कम करने के लिए इन्टेल, गूगल और फ़ेसबुक जैसी कई अग्रणी कंपनियाँ दीवाररहित ऑफ़िस की अवधारणा का इस्तेमाल करती हैं।

कॉलेज के माहौल से ऑफ़िस के परिवेश तक का परिवर्तन चुनौतीपूर्ण हो सकता है। मेरी खुद की कहानी कई स्नातकों से मिलती-जुलती है। अपने करियर की शुरुआत में मैं एक मील के पत्थर से दूसरे मील के पत्थर तक गया, लेकिन ज़्यादा व्यापक नक़्शे को नहीं पहचान पाया। इसका मतलब था पहले हाई स्कूल, फिर इंटरमीडिएट स्कूल पास करना, आई.आई.टी. की पढ़ाई पूरी करना और फिर नौकरी हासिल करना। मुझे अहसास नहीं था कि कॉलेज से निकलकर कंपनी में नौकरी करने से पहले मुझे नए परिवेश में ढलने के लिए एक बार फिर बदलना होगा।

ऑफ़िस में आने पर मेरे सामने नए नियम थे, नए संबंध थे और एक नया ढाँचा था, जो अनुभव और योग्यताओं पर आधारित था। एक

तरह से यह इंटरमीडिएट स्कूल से इंजीनियरिंग कॉलेज तक के परिवर्तन से मिलता-जुलता था।

विश्वविद्यालयीन परिवेश के विपरीत किसी भी उद्योग की कंपनियों में काफ़ी प्रतिस्पर्धा होती है। कंपनियाँ लगातार अपने उत्पादों तथा सेवाओं को बेहतर बनाने की कोशिश करती हैं, ताकि मार्केट शेयर बढ़ाकर और लागत कम करके अपना मुनाफ़ा बढ़ा सकें। आख़िर, निवेशक किसी ऐसी कंपनी में निवेश नहीं करना चाहते, जिसके शेयर का भाव न बढ़ रहा हो। फलस्वरूप, किसी भी कंपनी का माहौल बहुत प्रतिस्पर्धी होता है।

हाल ही में द *इकोनॉमिक टाइम्स* में प्रकाशित हुआ कि हर साल भारत में एक लाख से ज़्यादा (1,15,711) कंप्यूटर साइंस/आई.टी. इंजीनियर स्नातक होकर निकलते हैं।[5] इसके अलावा, दो लाख इलैक्ट्रॉनिक्स/मेकैनिकल/कैमिकल और सिविल इंजीनियरिंग के स्नातक होते हैं, जो आई.टी. उद्योग में नौकरी की तमन्ना रखते हैं।

आई.टी. के विस्तार के बावजूद यह संभव नहीं लगता कि हर साल इतनी सारी नई नौकरियाँ उत्पन्न होंगी। चूँकि नौकरियाँ कम और स्नातक ज़्यादा रहेंगे, इसलिए इंजीनियरिंग स्नातकों को इन नौकरियों के लिए प्रतिस्पर्धा करनी पड़ेगी। यही नहीं, आगे चलकर उन्हें अपनी कंपनियों में प्रमोशन पाने के लिए भी प्रतिस्पर्धा करनी पड़ेगी।

31 जनवरी 2013 को *रेडिफ़ डॉट कॉम* पर ऐसे ही एक लेख[6] में बताया गया कि भारत में एम.बी.ए. की डिग्री देने वाले लगभग 4,500 कॉलेज हैं, जहाँ कुल 3,60,000 रिक्तियाँ हैं। शीर्ष 20 कॉलेजों को छोड़ दिया जाए, तो स्नातक होने के बाद सिर्फ़ 10 प्रतिशत एम.बी.ए. उत्तीर्ण लोगों को ही नौकरी मिलती है। 2012 में लगभग 180 एम.बी.ए. कॉलेज बंद हो गए और 2013 में 160 कॉलेजों के बंद होने की उम्मीद है। नए स्नातकों की अति-आपूर्ति की वजह से उन लोगों के लिए नौकरी का परिवेश बहुत मुश्किल बन गया है, जो तैयार नहीं हैं।

यह महत्त्वपूर्ण है कि हम प्रतिस्पर्धी परिवेश का अध्ययन करें, लेकिन प्रतिस्पर्धा से न घबराएँ। मैंने एक अच्छे इंजीनियरिंग कॉलेज में

दाख़िले के लिए प्रतिस्पर्धा की। मैंने एक अच्छी कंपनी में नौकरी पाने के लिए प्रतिस्पर्धा की। और मैंने अच्छे परियोजनाओं में चुने जाने के लिए प्रतिस्पर्धा की। इसी तरह, सफल स्नातक प्रतिस्पर्धा का आनंद लेते हैं और औसत से हमेशा आगे बने रहने की कोशिश करते हैं। टीम सदस्य लगातार मेरे संवाद देख रहे हैं, मेरी प्रस्तुतियाँ, ई-मेल मैसेज और मेरे फ़ेसबुक पोस्ट देख रहे हैं। इसी तरह मैनेजर भी टीम के सदस्यों के शाब्दिक और ग़ैर-शाब्दिक दोनों प्रकार के संप्रेषणों का लगातार आकलन कर रहे हैं। अफ़सर देखते हैं कि आप कैसी पोशाक पहनते हैं, कैसे बातचीत करते हैं और कैसा व्यवहार करते हैं।

जब स्नातक कोई नई नौकरी शुरू करते हैं, तो वे एक प्रतिस्पर्धी माहौल में क़दम रखते हैं।

सुपरवाइज़र विशेषज्ञ नहीं, सामान्य ज्ञान वाले होते हैं

मुझे विश्वास है कि आप कई लोगों से मिले होंगे, जो सोचते हैं कि वे अपने अफ़सरों से बहुत ज़्यादा जानते हैं। जब हम किसी ऑफ़िस में नए होते हैं, तो यह स्वाभाविक है कि हममें से कई अपने मैनेजर से अप्रसन्न हों। मेरे करियर की शुरुआत में मेरे कई सुपरवाइज़र थे, जिनमें मेरे जितनी तकनीकी गहराई नहीं थी। मुझे महसूस होता था कि मैं उनसे ज़्यादा जानता हूँ।

बहरहाल, सुपरवाइज़र जब उद्योग का अनुभव हासिल करते हैं और उनका प्रमोशन होता है, तो वे अलग-अलग प्रौद्योगिकियों, अलग-अलग प्रॉजेक्ट और अलग-अलग प्रकार की भूमिकाओं (डेवेलपमेंट, टेस्टिंग, प्रॉजेक्ट मैनेजमेंट आदि) में काम कर चुके होते हैं। सुपरवाइज़र किसी एक टेक्नोलॉजी (जैसे जावा) में विशेषज्ञ नहीं होता है। इसके विपरीत, वह तो सामान्यज्ञ यानी अनेक विषयों की जानकारी रखने वाला होता है। किसी एक प्रौद्योगिकी में विशेषज्ञता आम तौर किसी को मैनेजर बनाने के लिए काफ़ी नहीं होती है।

मिसाल के तौर पर, हो सकता है कि कोई जावा स्क्रिप्ट के बारे में ज़्यादा जानता हो, लेकिन उसका सुपरवाइज़र सॉफ़्टवेअर डेवेलपमेंट लाइफ़

साइकल (एस.डी.एल.सी.), निरंतर डिलिवरी, कंपनी के दूसरे प्रॉजेक्ट, आई.टी. उद्योग और/या क्लायंट डोमेन के बारे में ज़्यादा जानता हो।

हालाँकि यह नाइंसाफ़ी लगती है, लेकिन अब मुझे अहसास होता है कि ऑफ़िस की रूपरेखा ऐसी ही होती है। मैं समझ गया हूँ कि अगर मेरा मैनेजर प्रॉजेक्ट के बारे में मेरे जितना नहीं जानता है, तो उससे क्या? अगर मैं किसी सफल कंपनी के लिए काम कर रहा हूँ, तो संभवतः मेरे मैनेजर को किसी कारण से वहाँ नियुक्त करने का निर्णय लिया गया था। हो सकता है कि मैं उस निर्णय से सहमत न होऊँ, लेकिन मुझे इसे स्वीकार करना पड़ता है।

प्रॉजेक्ट में सफलता परीक्षाओं में सफलता से भिन्न होती है

करियर के रूप में सॉफ़्टवेअर विकास पर काम करना तीन घंटे तक किसी परीक्षा में बैठने से बहुत अलग होता है। परीक्षा में हमें अपने ज्ञान और सर्वश्रेष्ठ कार्य को दिखाने का सिर्फ़ एक ही अवसर मिलता है। हम अपने परीक्षा के अंक कभी नहीं बदल सकते। इसके विपरीत, प्रॉजेक्ट को आदर्श बनाने में हम ज़्यादा समय लगा सकते हैं। मिसाल के तौर पर, सॉफ़्टवेअर प्रॉजेक्ट में हमें अपने काम को लगातार दोबारा करने का अवसर मिलता है, जब हम हर दिन एक नया सॉफ़्टवेअर अपडेट बनाते हैं।

ज़्यादातर परीक्षाएँ किसी व्यक्ति के ज्ञान की जाँच के लिए ली जाती हैं। फलस्वरूप हमें अकेले ही परीक्षाएँ देनी होती हैं। इसके विपरीत, ज़्यादातर कंपनियों में प्रॉजेक्ट पर कोई एक व्यक्ति नहीं, पूरी टीम मिलकर काम करती है। काम करते वक़्त हम पिछले प्रॉजेक्ट को देख सकते हैं और दूसरे सहकर्मियों से परामर्श ले सकते हैं। हम पुराने प्रॉजेक्ट में पिछली ग़लतियों (बग्स) को देख सकते हैं। नए विचारों और तकनीकों के लिए हम पुस्तकों और वेबसाइटों से विचार ग्रहण कर सकते हैं।

इन अंतरों के फलस्वरूप मैंने औसत शैक्षणिक रिकॉर्ड वाले कई गुणी इंजीनियरों को बहुत अच्छा प्रदर्शन करते देखा है। ये सफल लोग प्रो-ऐक्टिव (सक्रिय), उपायकुशल और समस्या सुलझाने वाले थे।

किसी कार्यात्मकता को विकसित करने की 'या तो सब कुछ या कुछ

नहीं' नीति को अपनाने के बजाय सफल प्रॉजेक्ट टीमें धीरे-धीरे कार्यात्मकता विकसित करती हैं। ये टीमें एक प्रोटोटाइप या नमूना (अवधारणा का प्रमाण) तैयार करती हैं, जो व्यावहारिकता और तकनीकी नीति प्रदर्शित करता है। यदि नीति ग़लत है, तो असफलताएँ जल्दी ही पता चल जाती हैं और समय व मेहनत बच जाती है। इसके बाद ग़लती के परिदृश्यों और अति के स्तर की समस्याओं को सँभालने के लिए एक प्रोग्राम लिखा जाता है। समय के साथ ये टीमें अपने अमल को बेहतर करती रहती हैं और सॉफ़्टवेअर कोड में कई बार आंतरिक सुधार करती हैं।

जीवन न्यायपूर्ण नहीं है – लेकिन सिर्फ़ अल्पकाल के लिए

'जीवन में मुझ पर जितनी भी विपत्ति आई है, उन तमाम मुश्किलों और बाधाओं ने मुझे मज़बूत बनाया है... हो सकता है कि यह होते वक़्त आपको अहसास न हो, लेकिन मुँह पर लात पड़ना शायद आपके लिए संसार की सबसे अच्छी चीज़ हो सकती है।'

-वॉल्ट डिज़्नी

द वॉल्ट डिज़्नी कंपनी के संस्थापक

हममें से कई लोगों को लगता है कि जीवन न्यायपूर्ण नहीं है। लेकिन यह सिर्फ़ अल्पकाल के लिए सच है। हम सोचते हैं, 'उस व्यक्ति की तरक्की हो रही है। वह कितना ख़ुशक़िस्मत है।' यह जीवन है। मुझे हमेशा वह प्रदर्शन-समीक्षा, बेहतरीन बॉस या मनपसंद प्रॉजेक्ट नहीं मिला, जिसका मैं ख़ुद को हक़दार मानता था। ये चीज़ें मेरे अलावा मेरे कई परिचितों के साथ भी हुई हैं।

मेरा पक्का नियम यह है कि अगर आप जीवन में 10 साल तक काम करते हैं, तो इस बात के आसार हैं कि कामकाजी जीवन के 3 सालों में आप यह कहेंगे, 'काश मेरे पास यह नौकरी, यह प्रॉजेक्ट या यह कंपनी नहीं होती।' उन 10 में से 7 साल काफ़ी अच्छे रहेंगे। समस्या यह है कि हमें यह पता नहीं होता कि कौन-से 3 साल अच्छे नहीं रहेंगे।[7]

लगभग किसी भी कंपनी के पिछले 10 साल उठाकर देख लें, उनमें से 3 साल दरअसल उतने अच्छे नहीं रहे होंगे। पीछे पलटकर देखने पर ही हमें पता चलता है कि वे 3 साल बेहतर साबित नहीं हुए। लेकिन ये कंपनियाँ उन 3 सालों को पहले से नहीं चुन सकती थीं। वे यह नहीं कह सकती थीं, 'ठीक है, ये 3 साल उतने अच्छे नहीं रहने वाले, जितनी हमने योजना बनाई है। चलो ये 3 साल हमें नहीं चाहिए।' मेरे साथ भी ऐसे ही हुआ।

मेरा यह अनुभव है कि ज़्यादातर अच्छे कर्मचारी दीर्घकाल में काफ़ी सफल होते हैं। ज़्यादातर मैनेजर अच्छे कर्मचारियों को पहचान लेते हैं और नया अवसर उपलब्ध होते ही उन्हें उचित पुरस्कार देते हैं।

लीडर अपनी कंपनी या उद्योग में लंबे समय तक रहते हैं

जब मैं किसी कंपनी या उद्योग की ओर देखता हूँ, तो मैं पाता हूँ कि बहुत-से सी.ई.ओ. ने अपनी कंपनियों में बहुत लंबा समय बिताया है। अपनी कंपनी को बनाने में योगदान देते-देते वे समय के साथ ऊँचे पदों पर पहुँचे हैं।

जब मैं नए एम.बी.ए. ग्रैजुएट के साथ काम करता हूँ, तो मैं उनसे कहता हूँ कि वे कुछ उद्योगों के लीडरों का अध्ययन करें। वे चाहे जो उद्योग चुनें, उनका निष्कर्ष यही होता है कि मुख्य लीडर अपनी कंपनी में 20 साल से ज़्यादा समय से हैं।

यदि आप बार-बार कंपनियाँ या उद्योग बदलते हैं, तो उनके बीच का परिवर्तन मुश्किल हो सकता है। जब मैंने समूह या नियोक्ता बदले, तो मुझे दोबारा शुरुआत करनी पड़ी और एक बार फिर से नई टीम के साथ अपनी विश्वसनीयता साबित करनी पड़ी। परिवर्तन में अतिरिक्त समय और प्रयास लगता है। इसके बजाय, एक ही कंपनी में समय लगाना और उसके साथ विकास करना बेहतर रहता है, क्योंकि अनुभव महत्त्वपूर्ण होता है और इसके लिए आपको बेहतर पुरस्कार दिया जाता है।

संदर्भ के लिए, कुछ अग्रणी आई.टी. सेवा कंपनियों के सी.ई.ओ., उनके कार्यकाल और उनकी पृष्ठभूमि की सूची दी जा रही है :

- एन. चंद्रशेखर, टी.सी.एस. के सी.ई.ओ.
  - टीसीएस में 1987 से
  - कंपनी में 26 साल
  - आर.ई.सी., त्रिची से एम.सी.ए.
- टी.के. कुरियन, विप्रो के सी.ई.ओ.
  - विप्रो में 2001 से, इससे पहले विप्रो/जी.ई. मेडिकल गठबंधन में
  - कंपनी में 12 साल
  - चार्टर्ड अकाउंटेंट
- पिएर नैनटर्म, एक्सेन्चर में सी.ई.ओ.
  - एक्सेन्चर में 1983 से
  - कंपनी में 30 साल
- वर्जीनिया रोमेटी, आई.बी.एम. ग्लोबल सर्विसेस की सी.ई.ओ.
  - आई.बी.एम. में 1981 से
  - कंपनी में 32 साल
  - बैचलर ऑफ़ कंप्यूटर साइंस, नॉर्थ-वैस्टर्न युनिवर्सिटी
- अनंत गुप्ता, एच.सी.एल. के सी.ई.ओ.
  - एच.सी.एल. में 1994 से
  - कंपनी में 19 साल
  - युनिवर्सिटी ऑफ़ लिवरपूल से एम.एस.

इनमें से अधिकतर सी.ई.ओ. ने अपनी कंपनियों में लगभग बीस साल की अवधि गुज़ारी। इस दौरान उन्होंने उथलपुथल और आर्थिक अनिश्चितता के कई वर्ष झेले। लेकिन जब भी कोई मुश्किल काम आया, जब भी कोई चुनौती आई, तो उसे स्वीकार करते हुए उन्होंने अपना हाथ ऊपर कर दिया। वे अपने आरामदेह दायरे के बाहर निकले। कंपनियाँ बदलने के बजाय उन्होंने कंपनी के साथ विकास करने का चुनाव किया।

कैंपस से ऑफ़िस तक परिवर्तन की जाँचसूची

- विभाग और कंपनी के बारे में सीखें
- कंपनी और शहर के भूतपूर्व छात्रों से बात करें
- कंप्यूटर साइंस के मूल विषयों की समीक्षा करें, जिनमें डाटा स्ट्रक्चर और डाटाबेस शामिल हैं

3

कार्य का प्रबंधन

'काम नहीं बल्कि चिंता लोगों की जान लेती है। काम स्वास्थ्यवर्धक होता है; आप शायद ही किसी व्यक्ति पर इतना काम लाद सकते हैं, जिसका बोझ वह न उठा सके। लेकिन चिंता लोहे पर ज़ंग के समान है। गतिविधि मशीन को नष्ट नहीं करती है, नष्ट तो घर्षण करता है।'

–हेनरी वॉर्ड बीचर
अमेरिकी पादरी और दासता-विरोधी

किसी कंपनी की संस्कृति और कार्य परिवेश पर कई घटकों का प्रभाव पड़ता है। मेरे अनुभव में, कार्य परिवेश इस बात पर निर्भर होता है कि कंपनी में किस तरह का काम होता है। कंपनी के काम की प्रकृति ही यह निर्णय लेती है कि कंपनी किस तरह के लोगों को नियुक्त करती है और बनाए रखती है। आउटपुट (काम) की प्रकृति ही यह तय करती है कि कंपनी किस तरह की प्रक्रियाओं का अनुसरण करेगी। कार्यकारी परिस्थितियों और संस्कृति पर भौगोलिक स्थिति का भी प्रभाव पड़ सकता है। मिसाल के तौर पर, भारत में सॉफ़्टवेअर उद्योग तुलनात्मक रूप से युवा है। विदेशों से आने वाले लोग यह देखकर हैरान हो जाते हैं कि ज़्यादातर भारतीय आई.टी. कंपनियों में इतने सारे युवा (जिनकी उम्र 30 से कम है) इतनी बड़ी टीमों का प्रबंधन कर रहे हैं। ज़्यादा परिपक्व उद्योगों में मैनेजर अधिक उम्र वाले और अधिक अनुभवी होते हैं।

जब मैं हमारे उन इंजीनियरों को देखता हूँ, जो सफल हैं और जिन्हें युवावस्था में ही प्रमोशन मिल गया है, तो मुझे उनमें कई समान गुण नज़र आते हैं। उनमें से एक यह है कि वे ऑफ़िस में अपने समय का प्रबंधन इस तरह करते हैं, ताकि वे अपने सहकर्मियों की तुलना में ज़्यादा उत्पादक रहें।

नई प्रौद्योगिकियों को सीखने और उनके अनुरूप ढलने की सतत आवश्यकता के अलावा लोग ऑफ़िस में कई घंटे बिताने की समस्या से भी जूझते हैं। जब हम अपने कर्मचारियों का सर्वे करते हैं, तो सबसे ज़्यादा चिंताएँ काम के लंबे घंटों के बारे में ही होती हैं।

चालीस घंटे काम करने के लिए लंबा समय है

यदि आप एकाग्रचित्त अंदाज़ में काम कर रहे हैं, तो मेरे दृष्टिकोण से 40 घंटे प्रति सप्ताह काम करने के लिए लंबा समय है। हममें से ज़्यादातर लोग दरअसल एक सप्ताह में 40 घंटे काम कर ही नहीं सकते। ज़्यादातर प्रॉजेक्ट में इतना स्टाफ़ दिया जाता है कि अनियोजित घटनाओं, अनुत्पादक मीटिंग, अनुपस्थित कर्मचारियों और गड़बड़ करने वाले उपकरणों के बावजूद काम समय पर पूरा हो जाए। तथ्य यह है कि ज़्यादातर कंपनियाँ आपके लिए 40 घंटे का काम उत्पन्न ही नहीं कर सकतीं।

तो फिर हम ऑफ़िस में हर सप्ताह 60 घंटे क्यों बिताते हैं? इसके कई कारण हैं। पहला तो है ख़राब प्रबंधन। काम को सही तरीक़े से व्यवस्थित नहीं किया गया है और किसी ने भी इस बारे में नहीं सोचा है कि उस काम को कैसे आवंटित किया जाए। दूसरा कारण आम तौर पर वे तमाम गतिविधियाँ हैं, जो हमारे ऑफ़िस में मौजूद होती हैं। इनमें व्यक्तिगत और कामकाजी ई-मेल, टेक्स्ट मैसेज, वेबसाइट्स, फ़ेसबुक पोस्ट, त्वरित मैसेज और फ़ोन कॉल की जानकारी रखने की हमारी निरंतर आवश्यकता शामिल है। परिणाम यह होता है कि आप लगातार कामों के बीच अदला-बदली करने में लगे रहते हैं। इसे 'टास्क-स्विचिंग' कहा जाता है, जो 'मल्टीटास्किंग' या एक साथ कई काम करने (जो इंसानों के लिए

असंभव है)[8] के विपरीत है। काम की अदला-बदली से तकनीकी ग़लतियों और ग़लत संवाद का माहौल बन जाता है।

इतने बरसों में मैंने अपने काम की अदला-बदली को नियंत्रित करना सीख लिया है। मैं ज़्यादा अनुशासित हो गया हूँ। मिसाल के तौर पर, मैं अपने सभी फ़ोन कॉल का तुरंत जवाब देने से बचता हूँ - मैं वॉइस मेल का इस्तेमाल ज़्यादा पसंद करता हूँ। मैं किसी ई-मेल का जवाब भी तुरंत नहीं देता, जब तक कि यह किसी ग्राहक या वरिष्ठ अफ़सर का न हो। मैं ऑफ़िस के अंदर और ऑफ़िस के बाहर अपने व्यक्तिगत फ़ोन कॉल के बारे में भी चुनिंदा रहता हूँ।

काम का आनंद लें

जब मैं एम.बी.ए. कर रहा था, तो मैं ऑर्गेनाइज़ेशनल बिहेवियर (संगठनात्मक आचरण) - ओ.बी. पर कई ज़रूरी क्लासों में गया। एम.बी.ए. विद्यार्थी के रूप में मेरे पहले सेमेस्टर के दौरान मैंने ओ.बी. 501 लिया - एक मूल कक्षा, जो सारे एम.बी.ए. विद्यार्थियों के लिए आवश्यक है। इस कक्षा को प्रोफ़ेसर जेन डटन लेती थीं। इंजीनियर होने के नाते मेरे पास ऐसी समस्याओं को सुलझाने की पृष्ठभूमि नहीं थी, जिनका केवल *एक ही सही जवाब* न हो और जिनमें तकनीक की नहीं, विवेक की ज़रूरत हो। मैं ओ.बी. 501 कक्षाओं और उनमें वर्णित प्रकरणों से मंत्रमुग्ध हो गया। आगे के बरसों में इन कक्षाओं ने हर कार्यालयीन स्थिति में मेरी मदद की है और कई चीज़ों के बारे में मुझे सही दृष्टिकोण दिया है।

एक कक्षा में प्रोफ़ेसर डटन ने बताया कि एक बार वे फ़ोर्ड मोटर कंपनी के एग्ज़ेक्यूटिव से बातचीत कर रही थीं। बातचीत के दौरान प्रोफ़ेसर डटन ने पूछा कि वे अपने एम.बी.ए. विद्यार्थियों को ऐसा क्या सिखा सकती हैं, जिससे वे फ़ोर्ड के लिए सबसे ज़्यादा प्रभावी बन जाएँ। ऑटो एग्ज़ेक्यूटिव ने जवाब दिया कि इसके लिए जिस चीज़ की ज़रूरत है, उसे वे नहीं सिखा सकतीं। उसे तो ऐसे विद्यार्थियों की ज़रूरत थी, जो कार के बारे में *जोशीले* हों। उन्हें कारों से प्रेम होना चाहिए। उन्हें कारों के बारे में रोमांचित होना चाहिए। एम.बी.ए. करते समय विद्यार्थी जो

कारोबारी योग्यताएँ सीखते हैं, वे महत्त्वपूर्ण हैं, लेकिन कारों के प्रति जोश वह सबसे महत्त्वपूर्ण गुण था, जिसकी फ़ोर्ड को तलाश थी।

मेरे ज़्यादातर करियर में मुझे सॉफ़्टवेअर पर काम करने में मज़ा आया है। जब किसी ऑपरेटिंग सिस्टम का नया संस्करण रिलीज़ होता है, तो मैं ही होता हूँ, जो उसे सबसे पहले इंस्टॉल करता हूँ। चूँकि मैं सॉफ़्टवेअर का आनंद लेता हूँ, इसलिए काम भी मेहनत जैसा नहीं लगता। यह उस चीज़ का आदर्श उदाहरण है, जो किसी संस्थान में नहीं सीखी जा सकती, चाहे वह कितना भी प्रतिष्ठित हो।

सभी नियोक्ता समान नहीं होते

एक ही उद्योग में कार्यरत दो कंपनियाँ काफ़ी भिन्न हो सकती हैं। जब मैं उन लोगों से बात करता हूँ, जो दूसरी आई.टी. कंपनियों में काम कर चुके हैं, तो मुझे भिन्न-भिन्न संस्कृतियाँ और बहुत भिन्न कार्यप्रणालियाँ पाकर हैरानी होती है। किसी बड़ी कंपनी में तो दो विभागों या दो कार्यकारी इकाइयों की संस्कृति भी भिन्न हो सकती है।

नीचे दी गई टेबल में मैंने संगठनों में पाई जाने वाली सांस्कृतिक भिन्नताओं की तुलना की है, जो किए जाने वाले काम की प्रकृति की वजह से मौजूद हो सकती हैं। इसी तरह के उदाहरण लगभग सभी उद्योगों में विद्यमान होते हैं।

टेबल 3.1 : आई.टी. उद्योग में संगठनों के अलग-अलग प्रकार

करियर	प्रगतिशील संगठन	पारंपरिक आई.टी. सर्विस प्रोवाइडर्स
संस्कृति	उद्यमी	अफ़सरशाही
काम	70 प्रतिशत काम नए ऐप्लिकेशन पर, छोटे प्रॉजेक्ट ज़्यादा	रखरखाव और समर्थन पर 70 प्रतिशत काम, बड़े प्रॉजेक्ट ज़्यादा

करियर	प्रगतिशील संगठन	पारंपरिक आई.टी. सर्विस प्रोवाइडर्स
प्रौद्योगिकियाँ	2 साल से ज़्यादा पुरानी हर चीज़ पुरातनपंथी है	ज़्यादा पुराने तंत्र होने की संभावना है
प्रक्रियाएँ	एजाइल और डेली बिल्ड मॉडल (सी.एम.एम.आई. प्रासंगिक नहीं)	सी.एम.एम.आई. और उच्च प्रतिबंधात्मक प्रक्रियाएँ
लोग	कंप्यूटर साइंस/आई. टी. डिग्री आवश्यक	ज़्यादातर इंजीनियरिंग डिग्रियाँ स्वीकार्य
निष्क्रिय इंजीनियर (बेंच)	10 प्रतिशत से कम, निष्क्रिय कर्मचारियों को गवारा नहीं कर सकते	भारत के 30 से 50 प्रतिशत कर्मचारी बेंच पर (72–75 प्रतिशत उपयोग)
विकास/सीखना	प्रॉजेक्ट पर समृद्ध कार्य अनुभव के कारण उच्च दर	दोहराव वाले काम के कारण कम विकास और सीखना सीमित

कई कंप्यूटर सॉफ़्टवेअर इंजीनियरों का ज्ञान तो उसी दिन पुराना हो जाता है, जब वे विश्वविद्यालय से निकलते हैं। यही वजह है कि ज़्यादातर प्रगतिशील संगठन सीखने का समृद्ध माहौल बनाने पर ध्यान केंद्रित करते हैं। प्रौद्योगिकी में होने वाली तीव्र उन्नतियों के कारण पारंपरिक संगठनों को, कई बार तो दर्दनाक तरीक़े से, तालमेल बैठाना होता है। प्रौद्योगिकी सेवा प्रदाता होने के नाते हम प्रौद्योगिकी की उन्नति अपने ग्राहकों तक तब तक नहीं पहुँचा सकते, जब तक कि हम उद्योग से ज़्यादा तेज़ी से न बदलें।

ई-मेल

नए स्नातकों को समझना चाहिए कि ई-मेल (आउटलुक) और इंस्टेंट मैसेजिंग (लिंक) संप्रेषण के औपचारिक तरीक़े हैं। ज़्यादातर नए स्नातक ई-मेल, संपर्कों और कैलेंडर के लिए माइक्रोसॉफ़्ट आउटलुक का उपयोग करने से परिचित नहीं होते, क्योंकि इंजीनियरिंग कॉलेजों में इनका इस्तेमाल शायद ही कभी किया जाता है। बहरहाल, ज़्यादातर कंपनियाँ माइक्रोसॉफ़्ट ऑफ़िस का उपयोग बड़े पैमाने पर करती हैं। फलस्वरूप अधिकतर कंपनियों में माइक्रोसॉफ़्ट आउटलुक सामान्य ई-मेल प्रोग्राम है। हालाँकि हर कंपनी और उद्योग ई-मेल का अलग इस्तेमाल करता है, लेकिन ज़्यादातर इंजीनियर माइक्रोसॉफ़्ट आउटलुक पर काम करने में हर दिन कम से कम 1-2 घंटे बिताते हैं। कई संगठन नए इंजीनियरों को सिखाने में कड़ी मेहनत करते हैं कि माइक्रोसॉफ़्ट आउटलुक का कुशलता से इस्तेमाल कैसे करना है।

कई नए स्नातक ई-मेल ऐसे लिखते हैं, मानो किसी मित्र को टेक्स्ट मैसेज लिख रहे हों, जिससे छवि ख़राब होती है। यह महत्त्वपूर्ण है कि नए इंजीनियर पेशेवर ई-मेल मैसेज भेजना सीख लें। अच्छी तरह ई-मेल मैसेज लिखने में समय लगता है। अपने ई-मेल्स में मैं आउटलुक की सुविधाओं का इस्तेमाल करके वर्तनी की ग़लतियों और स्लैंग से बचता हूँ।

नए इंजीनियरों के साथ काम करते समय मैं पाता हूँ कि कई तो ई-मेल पर तब तक प्रतिक्रिया नहीं करते हैं, जब तक कि वे उसमें बताया काम पूरा न कर लें या समाधान न खोज लें। आज, ज़्यादातर लोग ई-मेल मैसेज का जवाब उसी दिन मिलने की उम्मीद करते हैं। हमारे अधिकतर मैनेजर और ग्राहक उसी दिन की प्रतिक्रिया को अच्छा मानते हैं। मुझे उलझन तब होती है, जब कई नए स्नातक कुछ दिनों तक किसी ई-मेल मैसेज पर प्रतिक्रिया सिर्फ़ इसलिए नहीं करते हैं, क्योंकि उनके पास इस वक़्त पूरा जवाब नहीं है। ऐसे में एक सामान्य मैसेज भेजना उपयोगी होता है, जिसमें बताया गया हो कि मुझे उनका मैसेज मिल गया है और मैं उस आग्रह पर काम कर रहा हूँ। मैं प्रेषक को यह भी बता देता हूँ कि वह पूरी प्रतिक्रिया की उम्मीद कब तक करे।

सभी ई-मेल मैसेजेस का महत्त्व समान नहीं होता। कई लोगों और स्थितियों के मामले में तुरंत प्रतिक्रिया की उम्मीद की जाती है। जब मैं माइक्रोसॉफ़्ट में काम करता था, तो सी.ई.ओ. का ई-मेल मिलने पर ज़्यादातर मैनेजर कुछ ही घंटों में एक विस्तृत और सटीक प्रतिक्रिया भेजना सुनिश्चित करते थे। किसी कंपनी में बहुत-से प्रोटोकॉल उद्योग और लोगों पर निर्भर होते हैं। मैं प्रतिक्रिया करने और व्यवधानों के आपसी संतुलन को बनाने के लिए अपने सर्वश्रेष्ठ विवेक का इस्तेमाल करता हूँ।

उचित ई-मेल शिष्टाचार पर बहुत सारी सामग्री ऑनलाइन उपलब्ध है। मैंने परिशिष्ट-3 में अपने कुछ सामान्य अवलोकन और तकनीकों की सूची दी है। मैं इस सूची को नियमित रूप से देखता रहता हूँ, ताकि सर्वश्रेष्ठ आदतों की याद ताज़ा कर सकूँ।

मल्टीटास्किंग झूठ है

मल्टीटास्किंग में हम कई चीज़ों को एक साथ फटाफट करने की कोशिश करते हैं और इसके लिए आम तौर पर कई प्रौद्योगिकियों की शक्ति का इस्तेमाल किया जाता है। आजकल मोबाइल फ़ोन के विज्ञापन सुझाव देते हैं कि हम एक साथ कई चीज़ें करने के लिए प्रौद्योगिकी का इस्तेमाल कर सकते हैं। मैंने कई बायोडाटा देखे हैं, जहाँ नौकरी के उम्मीदवारों ने अपने आवेदन के 'योग्यताओं' वाले खंड में 'मल्टीटास्किंग' शब्द का इस्तेमाल किया था।

बहरहाल, यह व्यापक रूप से प्रमाणित हो चुका है कि मल्टीटास्किंग एक भ्रम है।[9] अपने दिमाग़ में हम एक साथ दो काम नहीं कर रहे हैं; हम तो मीटिंग में रहने और ई-मेल करने के बीच काम की अदला-बदली कर रहे हैं, अपने सहकर्मी से बात करने और फ़ेसबुक पर कमेंट करने के बीच काम की अदला-बदली कर रहे हैं। काम की अदला-बदली ज़्यादा कार्यकुशल नहीं है और हम मल्टीटास्किंग कर ही नहीं सकते।

मैं बहुत-सी मीटिंग में जाता हूँ, जहाँ लोग मीटिंग के दौरान अपने ई-मेल देखने में लगे रहते हैं। ये प्रतिभागी बातचीत सुनने और ई-मेल देखने तथा उनका जवाब देने के बीच कामों की अदला-बदली करते हैं।

कुछ प्रतिभागी तो टेक्स्ट मैसेजेस भी भेजते हैं। यह काम की अदला-बदली है, जहाँ मेरा दिमाग़ एक काम से दूसरे दिमाग़ की ओर रुख़ बदलता है। एक ही समय में दो कामों पर बराबर ध्यान देना और उनके साथ न्याय करना संभव नहीं है।

मैसच्युसेट्स स्थित मनोविश्लेषक डॉ. एडवर्ड हैलोवेल ने मल्टीटास्किंग को एक भ्रामक गतिविधि कहा है, 'जिसमें लोग यक़ीन करते हैं कि वे दो या ज़्यादा कामों को एक ही समय में कर सकते हैं।' जनवरी 2005 में, उन्होंने *हार्वर्ड बिज़नेस रिव्यू* में एक लेख प्रकाशित किया, जिसका शीर्षक था 'ओवरलोडेड सर्किट्स : चतुर (समझदार) लोग कमतर प्रदर्शन क्यों करते हैं।' इस लेख में हैलोवेल ने एक नई स्थिति का वर्णन किया है, जिसे उन्होंने अटेंशन डेफ़िसिट ट्रेट (ए.डी.टी.) यानी ध्यान न्यूनता लक्षण कहा है और उनका दावा है कि यह कारोबारी जगत में आम है। ए.डी.टी. की पहचान है, व्यवधान, आंतरिक उन्माद और अधीरता। हैलोवेल चेतावनी देते हैं कि ए.डी.टी. कोई बीमारी या चरित्र का दोष नहीं है, यह तो बहुत ज़्यादा जानकारी को सँभालने की कोशिश पर हमारे मस्तिष्क की स्वाभाविक प्रतिक्रिया है। ए.डी.टी. अटेंशन डेफ़िसिट डिसऑर्डर (ए.डी.डी.) यानी ध्यान न्यूनता विकार से भिन्न है, जो एक तंत्रिका संबंधी विकार है, जिसके कारणों में आनुवंशिकी का एक घटक शामिल है। माहौल और शरीर के घटक ए.डी.डी. के लक्षणों को बढ़ा सकते हैं। इसके विपरीत, ए.डी.टी. को आनुवंशिकी नहीं, हम ख़ुद उत्पन्न करते हैं।

ए.डी.टी. के बुरे प्रभावों को सिर्फ़ तभी नियंत्रित किया जा सकता है, जब हम अपने परिवेश और अपनी भावनात्मक तथा शारीरिक सेहत का प्रबंधन करें। कामों और संदर्भों की अदला-बदली को सीमित करना अनिवार्य है। ए.डी.टी. से उबरने के लिए हैलोवेल कई रणनीतियाँ बताते हैं। मिसाल के तौर पर, ई-मेल को तब तक एक तरफ़ रख दें, जब तक कि हम एक-दो ज़्यादा महत्त्वपूर्ण काम पूरे न कर लें। बड़े कामों को छोटे-छोटे हिस्सों में तोड़ लें। किसी सहकर्मी से आग्रह करें कि वह हमें टेलिफ़ोन पर बात करने, ई-मेल करने या ज़्यादा देर तक काम करने से रोकने में हमारी मदद करे। स्टेफ़ोकस्ड जैसे मुफ़्त कंप्यूटर प्रोग्राम्स भी समयखाऊ वेबसाइटों पर बिताए जाने वाले समय की मात्रा को सीमित

करने में हमारी मदद कर सकते हैं। ये निगरानी वाले साधन हममें से कुछ को व्यवधानों से बचा सकते हैं।

मैं एक समय में एक ही काम करता हूँ। परिणाम यह होता है कि मुझसे कम ग़लतियाँ होती हैं। मेरे काम की गुणवत्ता बेहतर होती है। फलस्वरूप मैंने पाया है कि मैं कम उन्मादी हूँ। जैसे ही मैं लिफ़्ट में क़दम रखता हूँ, समय बचाने के लिए मैं बार-बार क्लोज़ बटन नहीं दबाता हूँ।

ऑफ़िस में व्यवधानों से बचें

'व्यस्त होना ही काफ़ी नहीं है। व्यस्त तो चींटियाँ भी होती हैं। असल सवाल तो यह है : हम किस चीज़ में व्यस्त हैं?'

-हेनरी डेविड थोरो
अमेरिकी दार्शनिक

आज के तीव्रगामी संसार में त्वरित समाचार, इंस्टेंट मैसेजेस, ई-मेल, फ़ेसबुक, ब्लॉग आदि मनबहलाव के साधनों की वजह से ध्यान भटकना आसान होता है। हमें इस मनबहलाव की लत भी पड़ सकती है। ध्यान का खिंचाव या मनबहलाव मस्तिष्क के उसी हिस्से को सक्रिय करता है, जिसे कोकीन करती है।[10] हालिया शोध बताता है कि अगर हम कामों की अदला-बदली करते हैं, तो शुरुआती काम पर हमारी पूरी एकाग्रता लौटने में 25 मिनट ज़्यादा समय लगता है। यही नहीं, हमारे ग़लतियाँ करने और उन्हें सुधारने में ज़्यादा समय लगाने की भी अधिक संभावना होती है।

ऑफ़िस में पाए जाने वाले कुछ आम मनबहलाव ये हैं, जिनका हम पर नकारात्मक असर पड़ता है :

- इंस्टेंट मैसेंजर
- मोबाइल फ़ोन
- संगीत सुनना
- स्काइप लॉग-ऑन सूचनाएँ
- फ़ेसबुक पर नए पोस्ट देखना

- ट्विटर
- ई-मेल
- टेक्स्ट मैसेज भेजना और उन पर प्रतिक्रिया करना

इस साल की शुरुआत में हमारी एक टीम ने स्वेच्छा से 'भटकाव-रहित घंटे' की नीति अपनाई। हर दिन वे एक घंटे के लिए अपने मोबाइल फ़ोन, आउटलुक और स्काइप को बंद कर देते थे। टीम की कम समय में काम निबटाने की योग्यता में काफ़ी वृद्धि हुई। वे ज़्यादा जल्दी घर जा पाए। चूँकि अधूरे काम से तनाव पैदा होता है, इसलिए काम पूरा करने से उनमें संतुष्टि का ज़्यादा ऊँचा स्तर भी देखा गया।[11]

कुछ कामों में ज़्यादा समय लगता है

अपने अनुभव में मैंने पाया है कि कुछ भूमिकाओं और नौकरियों में ज़्यादा समय देना पड़ता है। मिसाल के तौर पर, अगर आप लोगों की निगरानी कर रहे हैं या एच.आर. टीम में हैं, तो कार्यकुशल होना मुश्किल होता है। आप लोगों के साथ कार्यकुशल नहीं हो सकते। लोग बात करना चाहते हैं; लोग चाहते हैं कि उनकी बात सुनी जाए; और वे चाहते हैं कि उन्हें समझा जाए। लोगों के साथ पेश आने में समय लगता है।

ज्ञान-कर्म की अधिकांश भूमिकाओं में बहुत-सी रचनात्मकता और विवेक की ज़रूरत होती है। रचनात्मक काम करते समय हमें शोध करना होता है, मूल्यांकन करना होता है और कार्यकुशल समाधान विकसित करने होते हैं। बहुत सारा ज्ञान-कार्य लंबा समय ले लेता है। प्रबंधकीय नौकरियों में कई घंटों की ज़रूरत होती है, इसी तरह मैं जिन मेडिकल डॉक्टरों को जानता हूँ, उन्हें भी बहुत ज़्यादा समय तक काम करना होता है। अधिकतर मेडिकल विद्यार्थी और प्रशिक्षणार्थी अपने 3 साल के मेडिकल रेज़िडेंसी प्रोग्राम के दौरान अस्पताल में हर सप्ताह 80 घंटे या उससे ज़्यादा समय बिताते हैं।

इसी तरह, सॉफ़्टवेअर डेवेलपमेंट, मैनेजमेंट परामर्श और आई.टी. उद्योग की नौकरियाँ अधिक समय लेती हैं और इनमें योजना से ज़्यादा समय लग सकता है। प्रबंधन परामर्शदाता उद्योग में कई घंटों की ज़रूरत

होती है और ज़्यादातर लोगों को काफ़ी यात्रा भी करनी होती है। मैं हर सप्ताह यात्रा नहीं करना चाहता था। इसी वजह से जब मैं अपना एम.बी.ए. प्रोग्राम पूरा कर रहा था, तब मैंने ऊँची तनख़्वाह के बावजूद किसी परामर्शदाता कंपनी में नौकरी का आवेदन नहीं दिया।

सॉफ़्टवेअर नौकरियों में लंबे घंटों की ज़रूरत इसलिए होती है, क्योंकि उद्योग और सॉफ़्टवेअर सिस्टम परिपक्व नहीं हैं। कई सॉफ़्टवेअर सिस्टम नए हैं और लगातार बदलते रहते हैं। इन सिस्टम के कई परिवर्तनशील हिस्से और बदलते अवयव होते हैं। कई प्रोग्राम्स पहली बार लिखे जा रहे हैं। जब भी हम कोई काम पहली बार करते हैं, तो उसमें उस दोहराव वाले काम से ज़्यादा समय लगता है, जिसे हम 50 बार कर चुके हैं।

मिसाल के तौर पर, पिछले 20 सालों में मैंने 500 से ज़्यादा बार पर्सनल कंप्यूटरों पर ऑपरेटिंग सिस्टम को इंस्टॉल किया है। इतने बरसों में हार्डवेअर और सॉफ़्टवेअर की गति तथा उपयोगिता बेहतर हो गई है। कई बार तो मुझे किसी कंप्यूटर पर ऑपरेटिंग सिस्टम इंस्टॉल करने में सिर्फ़ 10 मिनट लगते हैं। लेकिन कई दूसरे मौक़ों पर वही ऑपरेटिंग सिस्टम उसी जैसे, लेकिन थोड़े अलग कंप्यूटर पर इंस्टॉल करने में 5-6 घंटे भी लगे हैं। समय में भारी अंतर कई वजहों से होता है। कई बार तो ग़लत डिवाइस ड्राइवर की वजह से फ़र्क़ पड़ता है, कई बार दोषपूर्ण कंप्यूटर हार्डवेअर की वजह से और कई बार मेरी ख़ुद की ग़लतियों की वजह से तथा सॉफ़्टवेअर से परिचित न होने की वजह से। मुझे सॉफ़्टवेअर की लत है और इंस्टॉलेशन पूरा होने तक मैं चैन से नहीं बैठता। मैं तब तक नहीं छोड़ता, जब तक कि मैं जवाब और समस्या का कारण न खोज लूँ।

मेरे सामने ऐसी स्थितियाँ भी आई हैं, जब हमने कोई प्रोग्राम बनाकर अपने कंप्यूटर सिस्टम पर अच्छी तरह जाँच-परख लिया, लेकिन वह अगले दिन ग्राहक के सिस्टम पर नहीं चला। तब हमें जाँच-पड़ताल करके समस्या का पता लगाना होता है। समस्या को सुलझाने में कितना समय लगेगा, यह इसकी जटिलता पर निर्भर करता है। यह उस व्यक्ति की योग्यता पर भी निर्भर करता है, जिसे इसे सुलझाने का दायित्व सौंपा

गया है। कई बार समस्या चंद मिनटों में ही सुलझ जाती है। कई बार उसे सुलझाने में कई दिन भी लग सकते हैं।

एक बार जब मैं काम की भूमिका की प्रकृति और ज़रूरतों को समझ लेता हूँ, तो अपनी उम्मीदें तय करना और उनके अनुरूप निर्णय लेना ज़्यादा आसान हो जाता है।

काम अनुभव के साथ ज़्यादा सरल हो जाता है

उद्योग के कई अध्ययनों ने दर्शाया है कि अनुभवी इंजीनियर किसी अनुभवहीन इंजीनियर की तुलना में तीन गुना ज़्यादा उत्पादक हो सकता है। अक्सर, हमारे पास अपने काम को सबसे कार्यकुशल तरीक़े से करने का आवश्यक अनुभव नहीं होता है। कई बार उत्पादकता की कमी इस कारण होती है, क्योंकि हम यंत्रों से परिचित नहीं होते, ऑपरेटिंग वातावरण का सेटअप ख़राब होता है या क्लायंट डोमेन की सीमित समझ होती है।

समय के साथ, जब हमारे इंजीनियर डेवेलपमेंट टूल्स में प्रवीण हो जाते हैं, तो वे ऑपरेटिंग वातावरण को दोबारा व्यवस्थित करते हैं और ग्राहक ज्ञान हासिल करते हैं। हमने देखा है कि इससे काम ज़्यादा आसान और अधिक संतुष्टिदायक बन जाता है।

आगे की योजना बनाएँ

हालाँकि तुरंत बनी योजनाएँ कुछ लोगों के लिए रोमांचक होती हैं, लेकिन उनकी वजह से मुझे तनाव होता है। ऑफ़िस के मामले में मैं पहले से योजना बनाना बेहतर मानता हूँ, ताकि टीम के दूसरे सदस्य मेरी योजना के हिसाब से अपने काम की योजना बना सकें। जहाँ तक संभव होता है, मैं पहले से ही अपने दिन और सप्ताह की योजना बना लेता हूँ। मैंने तो पूरे साल की योजना भी पहले से बनाना सीख लिया है। मिसाल के तौर पर, हमारी कंपनी का कैलेंडर लगातार आगामी 12 महीनों के लिए प्रकाशित होता है।

पहले से बनी योजना की वजह से मेरा जीवन और मेरे आस-पास

के लोगों की कार्य-योजना आसान हो जाती है। इस सरल तकनीक ने मेरी काफ़ी मदद की है, क्योंकि मेरी वार्षिक यात्रा योजना कैलेंडर के हिसाब से चलती है। एक साल आगे तक की योजना से कई लोग बंधन महसूस करते हैं। मगर इससे मुझे स्वतंत्रता का अहसास होता है, क्योंकि मैं सालाना कैलेंडर में अपनी दैनिक दिनचर्या को व्यवस्थित कर सकता हूँ। योजना बनाने की वजह से ही मैं ज़्यादा सफल हुआ हूँ।

कंपनी बनने के बाद कुछ सालों तक हमारा कोई निश्चित कैलेंडर नहीं था। हमारे तो निश्चित वार्षिक कार्यक्रम भी नहीं थे। अब हम अपने वार्षिक कार्यक्रमों की तारीख़ पहले से तय कर देते हैं और उन्हें बहुत कम बदलते हैं। हम अपने इंजीनियरों को प्रोत्साहित करते हैं कि वे अपनी छुट्टियों और व्यक्तिगत कार्यक्रमों की योजना कंपनी की प्रमुख बैठकों के इर्द-गिर्द बनाएँ।

कंपनी के कार्यक्रमों में हिस्सा लें

किसी भी कंपनी के कैलेंडर में सिर्फ़ 5-6 दिन ही होते हैं, जब महत्त्वपूर्ण कार्यक्रम आयोजित होते हैं (जैसे वार्षिक कर्मचारी पिकनिक, तिमाही सूचना मीटिंग, और संप्रेषण प्रशिक्षण)। इनमें से कई कार्यक्रमों की मेज़बानी वरिष्ठ प्रबंधक महत्त्वपूर्ण जानकारी देने और लोगों से मिलने के लिए करते हैं। कई विषयों पर उच्च स्तरीय बातचीत की जाती है। पेशेवर लोग समारोह के वक्ताओं से ज्ञान हासिल कर सकते हैं।

मैंने देखा है कि कई युवा पेशेवर अपने व्यक्तिगत या सामाजिक कारणों से इन कार्यक्रमों में नहीं आते हैं। ये 5-6 दिन पूरे साल के दिनों का सिर्फ़ 1.5 प्रतिशत हिस्सा ही होते हैं। कई युवा पेशेवर लोग इसलिए हिस्सा नहीं लेते हैं, क्योंकि वे सोचते हैं कि इन कार्यक्रमों की उनके रोज़मर्रा के काम में बहुत कम प्रासंगिकता है। लेकिन ये कार्यक्रम बेहद प्रासंगिक हैं। किसी वक्ता या विषय को जो समय आवंटित किया गया है, उसकी मात्रा आने वाले साल में किसी व्यक्ति या क्षेत्र के महत्त्व को सूचित कर सकती है। युवा कर्मचारी वक्ताओं का अवलोकन कर सकते हैं, उद्योग पर बातचीत के उनके अंदाज़ को देख सकते हैं, उनके शब्द चयन और पोशाक पर ग़ौर कर सकते हैं। इसके अलावा, उनके कार्यक्रम

में शिरकत न करने से कंपनी के मैनेजरों को यह लग सकता है कि यह कर्मचारी दिलचस्पी नहीं लेता है और संभवतः वह यहाँ लंबे समय तक नहीं रहना चाहता। कर्मचारियों की अनुपस्थिति का यह छिपा मतलब होता है कि उन्होंने सहभागिता करना छोड़ दिया है और वे अपनी नौकरियाँ क़ायम रखने के लिए सिर्फ़ न्यूनतम निवेश ही कर रहे हैं।

काम की अंत तक निगरानी करें

जब मैं कॉलेज में था, तो प्रोफ़ेसर हमें साप्ताहिक असाइनमेंट देते थे और नियमित रूप से उनकी ग्रेडिंग करते थे। उन्होंने मुझे ढाँचा प्रदान किया और मेरे काम की अंत तक निगरानी की। समय पर काम न करने और ग़लत तरीक़े से करने के लिए उन्होंने मुझे दंड दिया। जब मैंने इंजीनियर के रूप में काम शुरू किया, तो काम कम योजनाबद्ध था। आम कंपनी में कई बंधनरहित काम होते हैं और प्रॉजेक्ट की समयसीमाएँ कई महीनों या सालों तक चलती हैं। आम तौर पर सुपरवाइज़रों के पास हर दिन हर एक के पीछे भागने का समय ही नहीं होता है। कर्मचारी के रूप में मुझे अपने कामों की निगरानी ख़ुद करना सीखना पड़ा, जिसमें सहकर्मियों से जानकारी लेना शामिल था।

कोई काम पूरा हो जाए, यह सुनिश्चित करना अनिवार्य है। आज जब मैं कॉर्पोरेट डेवेलपमेंट प्रॉजेक्ट पर काम करता हूँ, तो यह मेरा दायित्व है कि संबंधित टीम सदस्यों से काम के हिस्सों के बारे में जानकारी हासिल करूँ। अपने प्रॉजेक्ट में मैं हर दिन जानकारी लेकर सुनिश्चित करता हूँ कि कोई बाधा तो नहीं आ रही है और काम के हिस्से पूरे हो रहे हैं।

जब काम का कोई हिस्सा पूरा हो जाता है, तो मैं हर एक को उसकी अच्छी तरह जाँच करने की सलाह देता हूँ, ताकि यह सुनिश्चित हो सके कि काम संतोषजनक ढंग से हुआ है। इस सरल तकनीक से संवाद की खाइयाँ उत्पन्न नहीं होती हैं और हमारे तथा ग्राहकों के बीच अपेक्षाओं की गड़बड़ी नहीं होती।

मिसाल के तौर पर, जब मैं प्रॉजेक्ट मैनेजमेंट टीम से बात करता हूँ, तो मैं हर बार तिमाही की प्रमुख प्राथमिकताओं पर ध्यान केंद्रित करता हूँ।

काम के हिस्से पूरे हो गए हैं, यह सुनिश्चित करने के लिए मैं बार-बार प्रगति की जानकारी लेता हूँ - आम तौर पर हर सप्ताह। मैंने कई अच्छे इंजीनियरों को देखा है, जिन्होंने काम के हिस्सों की पूछ-परख नहीं की, निगरानी नहीं की और उन्हें अंजाम तक नहीं पहुँचाया। फलस्वरूप, श्रेष्ठ तकनीकी योग्यताओं के बावजूद कुछ इंजीनियर अपने प्रॉजेक्ट पूरे नहीं कर पाते हैं। मैं अपने काम के हिस्सों की निगरानी या जानकारी हासिल करने के लिए सरल जाँचसूचियों का इस्तेमाल पसंद करता हूँ।

यह जानना भी महत्त्वपूर्ण है कि कब कोई काम पूरा हो गया है। वरना मेरी प्रवृत्ति यह है कि मैं अपने प्रॉजेक्ट को कभी पूरा न करूँ और उसे बेहतर बनाने की कोशिश में जुटा रहूँ। इस समस्या को सुलझाने के लिए हम अपने ग्राहकों को हर दिन सॉफ़्टवेअर अपडेट देने पर ध्यान केंद्रित करते हैं।

दोबारा काम करने से बचने के लिए मानदंडों का अनुसरण करें

व्यक्तिगत रचनात्मक स्वतंत्रता और टीम के मानदंडों का अनुसरण करने के बीच जो स्वस्थ तनाव विद्यमान होता है, उससे कई युवा इंजीनियर दुविधा में पड़ जाते हैं। कारोबार बदलने की गति के साथ कई उद्योग *लीन* तकनीकों को अपने कारोबार के सभी हिस्सों में तेज़ी से अपना रहे हैं। *लीन* उत्पादन तकनीकों की अगुआई जापानी कंपनियों ने कार उद्योग में विश्वव्यापी वर्चस्व स्थापित करने के लिए की। सॉफ़्टवेअर उद्योग में एजाइल कार्यपद्धति सॉफ़्टवेअर विकसित करने की पुनरावृत्तीय और वृद्धि संबंधी नीति पर आधारित है। सॉफ़्टवेअर आवश्यकताएँ और समाधान भिन्न-भिन्न योग्यताओं वाली टीमों के आपसी सहयोग से विकसित होती हैं। एजाइल पद्धति अनुकूलनीय नियोजन, विकासपरक प्रगति और वितरण को बढ़ावा देती है। एजाइल पद्धति परिवर्तन पर तीव्र और लचीली प्रतिक्रिया को प्रोत्साहित करती है। एजाइल और *लीन* प्रणालियों में व्यक्तिगत डेवेलपर्स को काफ़ी रचनात्मक स्वतंत्रता होती है और वे समस्याएँ सुलझाने के लिए प्रोत्साहित होते हैं।

आई.टी. उद्योग में ज़्यादातर कंपनियाँ साझे मानदंड विकसित

करती हैं, जिनका हमेशा अनुसरण होता है। जैसे, प्रोग्रामर्स कैसे कोड करें, सॉफ़्टवेअर प्रोग्राम के सोर्स कोड कैसे संग्रह किए जाएँ, प्रोग्राम कैसे संकलित किए जाएँ और गुणवत्ता औज़ारों का इस्तेमाल कैसे किया जाए। प्रोग्रामिंग के मानदंडों का अनुसरण करके और प्रोग्रामों के दस्तावेज़ीकरण से हम अपने सहकर्मियों के जीवन को सरल बना रहे हैं, जो भविष्य में इन प्रोग्रामों में संशोधन कर सकते हैं या इनकी समीक्षा कर सकते हैं।

इन टीम मानदंडों से परे हर सॉफ़्टवेअर डेवेलपर को प्रोत्साहित किया जाता है कि वह तेज़ और कार्यकुशल एलगोरिद्म तथा कोड बेस तैयार करके अपनी रचनात्मकता का प्रदर्शन करे।

यहाँ कोई विरोधाभास नहीं है। कुछ क्षेत्रों में टीम चाहती है कि व्यक्ति अपनी रचनात्मकता और समस्याएँ सुलझाने में कुशलता दिखाएँ। दूसरे क्षेत्रों में हमें अनुशासित किया जाता है और व्यवस्थित तथा कार्यकुशल बने रहने के लिए टीम के मानदंडों का अनुसरण करना होता है।

मीटिंग के मार्गदर्शक सिद्धांत

जब मैंने लगभग 14 साल पहले माइक्रोसॉफ़्ट कॉर्पोरेशन छोड़ा, तो मैंने मीटिंग-रहित कंपनी बनाने का निर्णय लिया। मैं हर सप्ताह कई मीटिंग में जाता था, जिनमें बहुत समय लग जाता था। वे मेरे लिए बहुत असंतोषजनक होती थीं और अक्सर मेरी योजना में मीटिंग की संख्या के कारण मेरा काम अधूरा रह जाता था।

कंपनियों में कई प्रकार की मीटिंग होती हैं। मिसाल के तौर पर :

- सूचनापरक मीटिंग (तिमाही जानकारी)
- समस्या-सुलझाने वाली मीटिंग
- प्रशिक्षण सत्र (साप्ताहिक सीखने का सत्र)
- नवीनतम स्थिति के लिए दैनिक स्टैंडअप मीटिंग (संक्षिप्त समूह बैठक), और
- अपने मार्गदर्शक के साथ मीटिंग (आमने-सामने)

कुछ मीटिंग में मैं नेतृत्व करता हूँ, तो कुछ में सहभागी रहता हूँ। और कई में तो मैं बस पर्यवेक्षक रहता हूँ। हर प्रकार की मीटिंग की मेरी तैयारी का समय अलग होता है।

किसी मीटिंग में औपचारिक पारस्परिक क्रियाओं के अतिरिक्त प्रतिभागी एक-दूसरे की उपस्थिति पर ध्यान देते हैं (शाब्दिक और ग़ैर-शाब्दिक संकेत)। लोग छोटी-छोटी चीज़ों पर भी निगाह रखते हैं, जिसमें बैठने की शैली भी शामिल है (पीछे टिकने का मतलब है कि आपकी रुचि नहीं है, आगे झुकने का मतलब है कि आप रुचि दिखा रहे हैं); कपड़े; व्यक्तिगत तैयारी (बाल और दाढ़ी); और परफ़्यूम (मैं वातानुकूलित, बंद ऑफ़िसों में इससे बचता हूँ)। प्रतिभागी और अन्य मैनेजर हमारे तकनीकी ज्ञान, आत्मविश्वास, दृढ़ता और विचारों व संवाद की स्पष्टता पर ग़ौर करते हैं।

मीटिंग समय पर शुरू और ख़त्म करें

मीटिंग किस तरह आयोजित होती हैं, इसके आधार पर हम किसी कंपनी के प्रदर्शन के बारे में बहुत कुछ जान सकते हैं। उच्च-प्रदर्शन करने वाली ज़्यादातर टीमों में मीटिंग समय पर शुरू हो जाती हैं। एजाइल इंजीनियरिंग के संदर्भ में मीटिंग का समय पर ख़त्म होना भी बहुत महत्त्वपूर्ण होता है।

मैं मीटिंग को निर्धारित समय पर शुरू करने की कोशिश करता हूँ और इससे ज़्यादा अहम बात, हमेशा मीटिंग को निर्धारित समय पर ही ख़त्म करने की कोशिश करता हूँ। किसी भी कंपनी में हर मीटिंग को समय पर शुरू और ख़त्म करने के लिए अनुशासन तथा एकाग्रता की आवश्यकता होती है। प्रभाव ज़बर्दस्त होता है। लोग सोचते हैं, 'मैं जानता हूँ कि यह मीटिंग जल्द ही ख़त्म हो जाएगी, इसलिए मुझे जो कहना है, उसे अभी कह देना ही बेहतर है।' मीटिंग का समय सीमित रहने से लोग मुद्दे पर रहने के लिए विवश होते हैं और व्यर्थ की बातचीत से बचते हैं। वरना, हर कोई समय बर्बाद करता है।

मीटिंग को 60 मिनट तक सीमित रखें

मैंने पाया है कि 60 मिनट का समय किसी मीटिंग के लिए बहुत लंबा होता है। हममें से ज़्यादातर लोग 60 मिनट से ज़्यादा ध्यान केंद्रित नहीं कर पाते हैं, इसलिए मीटिंग के लिए एक घंटे की ऊपरी सीमा रखने से प्रतिभागी ज़्यादा उपयोगी तरीक़े से अपने समय का प्रबंधन करते हैं। कॉन्फ़्रेंस कॉल (फ़ोन मीटिंग) आयोजित करते समय हम उन्हें 30 मिनट की वृद्धि तक सीमित रखते हैं। जब तक कि हम कोई समस्या न सुलझा रहे हों या किसी प्रोग्राम की गड़बड़ी को दुरुस्त न कर रहे हों, मैं ज़्यादा लंबी मीटिंग से बचता हूँ। ज़्यादा लंबी मीटिंग का मतलब है कि प्रतिभागी व्यवस्थित नहीं हैं और उन्होंने बातचीत के बारे में सोच-विचार नहीं किया है।

तकनीकी समस्या-समाधान मीटिंग बहुत समयखाऊ हो सकती हैं, लेकिन इन मीटिंग को 90 मिनट तक सीमित रखना उपयोगी होता है। अब एजाइल इंजीनियरिंग नीति पहले से कहीं ज़्यादा आम हो गई है, इसलिए टीम के सभी सदस्यों के मीटिंग में मौजूद रहने की अपेक्षा रहती है (सिर्फ़ टीम का मुखिया ही नहीं), इसलिए मीटिंग का सही प्रबंधन हमारे लिए बहुत महत्त्वपूर्ण हो गया है। प्रतिभागियों की संख्या इतनी ज़्यादा होती है कि मीटिंग संबंधी अकार्यकुशलता से हर एक का बहुत सारा समय ख़राब होता है।

दरअसल ज़्यादातर मामलों में हम 30 मिनट में ही बहुत-सी बातें कर सकते हैं। टी.ई.डी. टॉक वीडियो इस बात के बेहतरीन उदाहरण हैं कि बहुत सारी जानकारी किस प्रकार कम समय में प्रदान की जा सकती है। टी.ई.डी. चर्चाओं में सिर्फ़ 18 मिनट का समय लगता है (टी.ई.डी. प्रस्तुति का एक मानक प्रारूप होता है)।

मिसाल के तौर पर, हार्वर्ड मेडिकल स्कूल के डॉ. अतुल गवांदे का एक टी.ई.डी. टॉक वीडियो है, जो ग़लतियों से बचने के लिए जाँचसूचियों का महत्त्व बताता है। सिर्फ़ 18 मिनट में ही डॉ. गवांदे बहुत सारी जानकारी दे देते हैं, उदाहरणों और समर्थनकारी आँकड़ों के साथ, बहुत ही दमदार अंदाज़ में।

वीडियो में डॉ. गवांदे दो प्रकार की ग़लतियों पर बात करते हैं। पहले

प्रकार की ग़लती अज्ञानवश हुई भूल है, जहाँ हमसे कोई ग़लती इसलिए हो जाती है, क्योंकि हमारा ज्ञान बहुत सीमित है। इस प्रकार की ग़लती को प्रशिक्षण के ज़रिये दूर किया जा सकता है। दूसरे प्रकार की ग़लती वह है, जहाँ हम उसका उचित इस्तेमाल नहीं करते हैं, जो हम पहले से ही जानते हैं। डॉ. गवांदे तर्क देते हैं कि दूसरे प्रकार की ग़लतियाँ आम हैं, क्योंकि आज ज्ञान की मात्रा और जटिलता बहुत ज़्यादा हो गई है। हममें से ज़्यादातर लोग महसूस करते हैं कि ज्ञान की मात्रा और जटिलता इतनी ज़्यादा है कि इसे सही और सुरक्षित तरीक़े से लगातार पहुँचाने की हमारी योग्यता कम पड़ जाती है। उचित जाँचसूचियों का इस्तेमाल करके हम दूसरे प्रकार की ग़लतियों को नाटकीय रूप से कम कर सकते हैं। डॉ. गवांदे बताते हैं कि उन्होंने ऑपरेशन करने वाले डॉक्टरों की टीम के लिए 2 मिनट की जाँचसूची तैयार की। संसार के आठ अस्पतालों ने इस जाँचसूची पर अमल करने के बाद अपनी मृत्यु-दर 47 प्रतिशत तक कम कर ली। डॉ. गवांदे का वीडियो बहुत प्रभावशाली है और यह सिर्फ़ 18 मिनट लंबा है।

अपने बॉस का प्रबंधन करें

राजनीति का हिस्सा बनें

क्या ऑफ़िस में राजनीति होती है? ज़ाहिर है, होती है। राजनीति को अक्सर बदनाम किया जाता है, चाहे हम देश के नेताओं के बारे में बात कर रहे हों या किसी कंपनी में राजनीतिक प्रकार के लोगों के बारे में। कई कंपनियों में मैंने लोगों को यह कहते सुना है, 'अरे, उस कंपनी में बहुत राजनीति है।' इसका क्या मतलब है? *राजनीति वह तरीक़ा है, जिससे लोगों के किसी समूह द्वारा निर्णय लिए जाते हैं।*[12] इंजीनियर के रूप में हमें तकनीकी समाधान प्रदान करके और निर्णय लेने की प्रक्रिया का हिस्सा बनकर बहस को आकार देने में सक्रिय भूमिका निभानी पड़ती है। जैसा महान दार्शनिक प्लेटो ने कहा था, 'राजनीति में हिस्सा न लेने से इंकार करने की एक सज़ा यह है कि आप अंततः अपने से हीन लोगों द्वारा शासित होने लगते हैं।'

जहाँ तक मेरा मामला है, मैं नकारात्मक मानसिकता रखने के बजाय समाधान प्रदान करने का प्रस्ताव रखता हूँ और इस प्रकार निर्णय लेने की प्रक्रिया में प्रो-ऐक्टिव (सक्रिय) तरीक़े से सहभागिता करता हूँ। ज़्यादातर कंपनियाँ कई बातों के आधार पर मैनेजरों की नियुक्ति करती हैं। निर्णय लेने को प्रभावित करने की योग्यता के अलावा, तकनीकी कौशल अक्सर इंजीनियरिंग संगठनों के लिए प्रमुख घटक होता है। दीगर बातों में उद्योग का ज्ञान, कंपनी में अनुभव, और लोगों का नेतृत्व करने की योग्यता शामिल होती हैं।

समाधान केंद्रित बनें

कई लोग मेरे सामने समस्याएँ लेकर आते हैं। मैं अपने ग्राहकों, सप्लायरों और कर्मचारियों के साथ काम करता हूँ। उनके मुद्दे मुख्य रणनीतिक समस्याओं से लेकर तकनीकी समस्याओं तक रहते हैं, सरल प्रक्रिया संबंधी चुनौतियों और संसाधन की सीमाओं तथा बजट तक रहते हैं।

मैं क्या करता हूँ? मैं ऐसे लोगों को खोजता हूँ, जो मेरे लिए इन समस्याओं को सुलझा देते हैं। ये मेरे 'संकटमोचक' हैं। उन्होंने जिस इंजीनियरिंग कॉलेज में पढ़ाई की है, उसकी प्रतिष्ठा मेरे लिए मायने नहीं रखती। मैं जिन व्यक्तियों पर निर्भर रहता हूँ, वे उपायकुशल और समाधान-केंद्रित होते हैं। जी.ई. के मशहूर सी.ई.ओ. जैक वेल्च ने कहा था कि एक बार जब आप असल संसार में होते हैं - और इससे कोई फ़र्क़ नहीं पड़ता कि आप 22 साल के हैं या 62 के, अपनी पहली नौकरी शुरू कर रहे हैं या पाँचवीं - बेहतरीन दिखने और आगे बढ़ने का तरीक़ा है ज़रूरत से ज़्यादा प्रदान करना।[13] सफल कर्मचारी प्रो-ऐक्टिव (सक्रिय) तरीक़े से अपने बॉस की ज़रूरतों को भाँप लेते हैं।

जैसा जैक वेल्च ने कहा था, 'अगर आपका बॉस आपसे अगले साल के लिए आपकी कंपनी के एक प्रॉडक्ट की संभावना पर रिपोर्ट माँगता है, तो आप विश्वास कर सकते हैं कि उसके पास पहले से ही जवाब का एक ठोस अहसास है। इसलिए उसके आभास की पुष्टि करने के लिए सामान्य से आगे तक जाएँ। जानकारी इकट्ठी करने की अतिरिक्त मेहनत करें और डाटा का कई तरीक़े से विश्लेषण करें, ताकि उसे कुछ

ऐसा मिल जाए, जिससे उसकी सोच का विस्तार हो - मिसाल के तौर पर यह विश्लेषण कि अगले 3 सालों में पूरे उद्योग का हुलिया कैसा होगा। कौन-सी नई कंपनियाँ और प्रॉडक्ट उभरकर सामने आ सकते हैं? कौन-सी प्रौद्योगिकियाँ खेल को बदल सकती हैं?'

इसी तरह जब हम अपने ग्राहकों के पास जाते हैं, तो हम उनकी समस्याओं को सुलझाते हैं और उनके लिए संसाधन बन जाते हैं। जब ग्राहक कंपनी के रूप में हमारे पास आते हैं, तो वे किस चीज़ की तलाश कर रहे हैं? समस्याओं की या समाधानों की? समाधानों की। वे कह रहे हैं, 'अगर हम आपकी कंपनी के इंजीनियरों के साथ काम करते हैं, तो वे काम पूरा करते हैं। वे अच्छा काम करते हैं। उनके पास तकनीकी विशेषज्ञता है, वे प्रो-ऐक्टिव (सक्रिय) हैं, वे बेहतरीन सॉफ़्टवेअर बनाते हैं, वे ग़लतियाँ नहीं करते हैं और वे काम समय पर पूरा करते हैं। वे ग्राहक के दृष्टिकोण से सोचते हैं और हमारी चुनौतियों को समझते हैं।'

जब ग्राहकों को दो कंपनियों के बीच में चुनाव करना होता है, तो वे हर कंपनी के पिछले प्रदर्शन के आधार पर निर्णय लेते हैं। चुनाव का कंपनी के आकार से कोई लेना-देना नहीं होता। अपने बॉस के लिए 'संकटमोचन' कर्मचारी बनें।

अपने बॉस के साथ खुद को पंक्तिबद्ध करें

सभी इंजीनियरों को अपने मैनेजर से पूछना चाहिए, 'आपकी मुख्य चुनौतियाँ क्या हैं और मैं आपको तथा विभाग को ज़्यादा सफल कैसे बना सकता हूँ?'

यह पूछकर शुरू न करें, 'आप मेरी तनख़्वाह कब बढ़ाने वाले हैं?' ज़्यादातर मामलों में, मैनेजर अच्छा प्रदर्शन करने वालों को ज़्यादा भुगतान देना चाहते हैं, यदि किसी दूसरी चीज़ के लिए नहीं, तो कम से कम इंसाफ़ की ख़ातिर।

मिसाल के तौर पर, हमारा एक वरिष्ठ क्लायंट मैनेजर अक्सर हमारे एक प्रमुख ग्राहक से कहता है, 'मैं *आपकी* प्रमुख चुनौतियाँ समझना चाहता हूँ। हम *आपको* ज़्यादा सफल बनाने के लिए *ख़ुद* को कैसे ढाल सकते हैं?' हमारा क्लायंट मैनेजर यह नहीं कहता, '*आप हमें* ज़्यादा सफल बनाने के

लिए हमारे हिसाब से ख़ुद को कैसे ढाल सकते हैं?'

प्रायः, उस क्लायंट मैनेजर के पास कुछ क्षेत्रों में हमारे ग्राहकों से ज़्यादा विशेषज्ञता और अनुभव होता है। हमारे क्लायंट मैनेजर के पास ज़्यादा संसाधन होते हैं। लेकिन हमारे क्लायंट मैनेजर को ग्राहक की सफलता सुनिश्चित करने के लिए अपनी सोच को व्यवस्थित करना पड़ता है।

यही विचार कंपनी के भीतर भी सच है। आपको अपने बॉस या अपने विभाग के मैनेजर के हिसाब से खुद को पंक्तिबद्ध करना होता है। आम तौर पर, पूरे विभाग की सफलता का श्रेय लीडर (बॉस) को ही मिलता है। ख़ुद सफल होने के लिए आपको यह सुनिश्चित करने की ज़रूरत है कि आपका बॉस ज़्यादा सफल हो। क्योंकि अगर आपका बॉस सफल है, तो इस बात के आसार हैं कि विभाग और कंपनी ज़्यादा सफल होगी। बदले में, ज़्यादातर बॉस उन कर्मचारियों को श्रेय देते हैं, जिन्होंने उन्हें सफल बनाया।

अपने कामकाजी जीवन में मुझे नेतृत्व करने के लिए किसी औपचारिक पद की ज़रूरत नहीं पड़ी। चाहे आप नए प्रशिक्षणार्थी हों या बड़ी तनख़्वाह पाने वाले इंजीनियर, कोई भी आपको कंपनी को बेहतर बनाने से नहीं रोक सकता।

मेरी पहली नौकरी फ़्रिजिडएयर में मेकैनिकल डिज़ाइन विश्लेषण इंजीनियर के पद पर थी। मैं लॉन्ड्री डिविज़न में काम करता था, जो हर साल लगभग 10 लाख वॉशिंग मशीन और ड्रायर का उत्पादन करता था। बड़े उपकरणों वाले उद्योग में प्रॉडक्ट का जीवन 10 साल होता था। एक बार डिज़ाइन पूरा होने के बाद निर्माण शुरू हो जाता था, तो कंपनी को निवेश को वसूलने के लिए उसी डिज़ाइन का इस्तेमाल करना होता था। इसलिए जब नए डिज़ाइन के हिसाब से उत्पादन होने लगता था, तो विश्लेषक के रूप में मेरी चुनौतियाँ सीमित हो जाती थीं। जब विभाग में मेरे लिए चुनौतियाँ ख़त्म होने लगीं, तो मुझे विभाग की मदद करने और उपयोगी बनने का कोई दूसरा तरीक़ा खोजने की ज़रूरत थी।

1980 के दशक के अंत में अधिकतर कंपनियों की तरह ही हमारे इंजीनियरिंग विभाग में भी लोकल एरिया नेटवर्क (लैन) नहीं था।

इंजीनियरिंग स्टाफ़ के सदस्यों के पास पर्सनल कंप्यूटर नहीं थे। हमारे इंजीनियरिंग विभाग में एक सेक्रेटरी थी। कोई भी जानकारी प्रसारित करने के लिए वह टाइपराइटर पर एक मैमो तैयार करती थी। फिर वह उस मैमो को लेख के साथ लगाकर 35 इंजीनियरों के लिए पहुँचा देती थी। फिर वह फ़ाइल एक मैनेजर से दूसरे मैनेजर तक पहुँचती थी और फिर वर्णमाला के क्रम में इंजीनियरों तक। हम मैमो पर अपने नाम के आगे लघु हस्ताक्षर कर देते थे और फिर खुद जाकर अगले इंजीनियर को मैमो थमा देते थे। कई बार तो किसी मैमो के मुझ तक पहुँचने में हफ़्तों लग जाते थे।

मुझे अहसास हुआ कि कंपनियाँ फ़ाइल और प्रिंट शेयरिंग के लिए लैन (एल.ए.एन) लगा रही थीं। कम्प्यूसर्व जैसे ऑनलाइन फ़ोरम ई-मेल संप्रेषण और ऑनलाइन मैसेज बोर्ड को मुहैया करा रहे थे। हमारी कंपनी फ़्रिजिडएयर का स्वामित्व एक स्वीडिश कंपनी ए.बी. इलेक्ट्रोलक्स के पास था, जो उस वक़्त सबसे बड़ी उपकरण निर्माताओं में से एक थी। आई.बी.एम. कम्पनी ए.बी. इलेक्ट्रोलक्स की प्रमुख सप्लायर थी। आज के विपरीत, आई.बी.एम. टोकन रिंग, ऐपलटॉक और ईथरनेट तीन प्रतिस्पर्धी मानदंड थे। ईथरनेट हर दूसरे कंप्यूटर सप्लायर द्वारा प्रचारित किया जा रहा था। चूँकि इलेक्ट्रोलक्स का नीति विभाग आई.बी.एम. को महत्त्व देता था, इसलिए हमने आई.बी.एम. टोकन रिंग नेटवर्क लगवाने का चुनाव किया।

लैन के लिए केबल बिछवाने में मैंने अपने मैनेजर की मदद की, फ़ाइल शेयरिंग की नेटवर्किंग की और लेज़र प्रिंटरों को साझा किया। हमने आई.बी.एम. पीएस/2 पर्सनल कंप्यूटर ख़रीदे, ताकि हम अपने आई.बी.एम. पीसी पर दस्तावेज़ तैयार कर सकें और चित्रों की समीक्षा कर सकें। मैं बाहरी उद्योग के संदर्भ में अपनी कंपनी की कमियों को पहचान सकता था। मैंने कंपनी की इंजीनियरिंग प्रक्रियाओं तथा परिवेश को बेहतर बनाने में मदद की।

सबसे वरिष्ठ पदों के लिए सबसे सम्मानित कंपनियों में भी योग्य उम्मीदवारों की कमी रहती है। इसका हाल का उदाहरण है इन्फ़ोसिस। हालाँकि इसमें 2,00,000 कर्मचारी हैं और यह 32 साल पुरानी कंपनी है,

लेकिन उन्हें अपने यहाँ कोई लीडर नहीं मिल पाया। असमतल प्रदर्शन के कई वर्ष बाद इन्फ़ोसिस को नारायण मूर्ति को दोबारा उनके रिटायरमेंट के बाद वापस बुलाना पड़ा और एक बार फिर चेयरमैन बनाना पड़ा। यदि सबसे बड़े पद पर कमी है, तो ज़्यादातर कंपनियों में वाइस-प्रेज़िडेंट स्तर पर तो और भी ज़्यादा कमियाँ हैं। क्या आप यह सोचते हैं कि इन्फ़ोसिस में इंजीनियरों की कमी है? नहीं। उनके पास तो सी.ई.ओ. और अन्य वरिष्ठ मैनेजरों की कमी है।

यही कमी सारे उद्योगों में कार्यरत बहुत-सी कंपनियों में मौजूद है। अगर आप किसी कंपनी में मैनेजर बनने की इच्छा रखते हैं, तो किसी कंपनी में खुद को आगे बढ़ाने के बहुत अवसर हैं। बहरहाल, मेरा दृष्टिकोण यह था, आगे बढ़ने के लिए मुझे मैनेजर बनने से पहले ही मैनेजर की तरह सोचना और परिणाम देना चाहिए। कई लोग सोचते हैं, 'मैं एक औसत इंजीनियर रहूँगा और औसत काम करूँगा। लेकिन जब मैं मैनेजर बन जाऊँगा, तो मैं असाधारण काम करूँगा!' आम तौर पर ज़्यादातर कंपनियों में औसत कर्मचारियों को प्रमोशन नहीं मिलता है।

हममें से कई लोग सोचते हैं, 'मुझे ज़्यादा पैसा मिलेगा तो अच्छा रहेगा।' इस बारे में कोई शक नहीं है कि हम सभी ज़्यादा पैसा कमाना चाहेंगे। ज़्यादातर कंपनियों को अच्छा प्रदर्शन करने वालों को ज़्यादा पैसे देने में दिक्क़त नहीं होती है। जैसा मैं ऊपर बता चुका हूँ, ज़्यादातर कंपनियों में उत्कृष्ट प्रदर्शन करने वालों की कमी होती है। लेकिन हमें ज़्यादा पैसे मिलें, इसके लिए हमें हर दिन असाधारण काम करने की ज़रूरत होती है। हममें से बहुत-से लोग औसत प्रदर्शन के लिए ज़्यादा भुगतान चाहते हैं। हमें उद्योग में दूसरों से ज़्यादा ज्ञानी बनने की ज़रूरत है। हमें उद्योग में बाक़ी हर एक से ज़्यादा कड़ी मेहनत करने की ज़रूरत है। हमें उद्योग में सबसे योग्य व्यक्ति बनने का प्रयत्न करने की ज़रूरत है।

आई.टी. टीम के साथ मिलकर काम करें

ज़्यादातर कंपनियों में कर्मचारी आम तौर पर सूचना प्रौद्योगिकी (आई.टी.) विभाग से असंतुष्ट रहते हैं। क्यों? क्योंकि वे यह नहीं समझ पाते हैं कि आई.टी. विभाग कैसे काम करता है।

सहायक टीम का हिस्सा होने के नाते आम आई.टी. टीम प्रतिस्पर्धी प्राथमिकताओं को संतुलित करती है। आई.टी. विभाग द्वारा संचालित कंप्यूटर्स कंपनी की सेवाएँ समयबद्ध तरीक़े से ग्राहकों तक पहुँचाने में मदद करते हैं। साथ ही, उन्हें वस्तुएँ और सेवाओं की लागत को कम करना होता है तथा कर्मचारियों की उत्पादकता को बढ़ाना होता है। आई.टी. विभागों के पास डाटा सुरक्षा, इमारत और उपकरणों के रखरखाव का काम होता है। कर्मचारी और ग्राहक की व्यक्तिगत गोपनीय जानकारी लीक होना विश्वव्यापी भारी चिंता का विषय है और अंततः आई.टी. सिस्टम ही व्यक्तिगत जानकारी गोपनीय बनाए रखने में मदद करते हैं।

आई.टी. जिन तंत्रों के लिए ज़िम्मेदार है, उनसे कर्मचारियों के लिए असुविधा उत्पन्न हो सकती है और मनोबल पर असर पड़ सकता है, जब कर्मचारी अपने काम को पूरा करने की कोशिश करते हैं या कंपनी के संसाधनों का उपयोग करते हैं। लेकिन आई.टी. विभाग को ऐसे तंत्रों को जारी रखना होता है जो सारे कर्मचारियों की मदद करें। इसके अलावा, उन्हें सकारात्मक नज़रिया क़ायम रखकर बेहतरीन ग्राहक सेवा भी प्रदान करनी होती है।

स्थितियाँ इस बात से और जटिल हो जाती हैं कि प्रौद्योगिकी हमेशा बदलती रहती है। इंटरनेट एक्सप्लोरर का एक नया संस्करण आ जाता है और जो कल काम कर रहा था, अचानक वह अब कारगर नहीं रह जाता। कर्मचारी अपने खुद के स्मार्टफ़ोन लाकर कंपनी के इंटरनेट वाई-फ़ाई का इस्तेमाल व्यक्तिगत कामों के लिए करना चाहते हैं। ये अतिरिक्त यंत्र कंपनी के आई.टी. तंत्र पर बोझ बढ़ा देते हैं, स्थिति को जटिल बना देते हैं और सुरक्षा की चुनौतियाँ भी खड़ी कर देते हैं।

ज़्यादातर आई.टी. विभाग कंपनी की नीतियों का पालन कराते हैं, जो बरसों के अनुभव और उद्योग की सर्वश्रेष्ठ परंपराओं पर आधारित होती हैं। मुख्यालय में कहीं पर एक नीतिगत निर्णय लिया जाता है। फिर ब्रांच ऑफ़िसेस या डिविज़न्स इन नीतियों पर विकेंद्रीकृत तरीक़े से अमल करते हैं। आई.टी. का जो कर्मचारी आपकी मदद करता है, उसने केंद्रीकृत नीतिगत निर्णय नहीं लिया है। संभावना इस बात की है कि वह नीति को

नहीं बदल सकता। उसे इसका पालन करना होता है। हो सकता है कि आप केंद्रीकृत नीति से सहमत न हों, लेकिन फिर भी नीति वही रहती है।

मैंने आई.टी. टीम की चुनौतियों और बंधनों को समझने के लिए उनके साथ मिलकर काम करने को उपयोगी पाया है। एक बार जब मैं उनकी सीमाएँ समझ जाता हूँ, तो मैं खुद को ढालकर परिणामों को सुनिश्चित कर सकता हूँ।

मिसाल के तौर पर, कई कर्मचारी कह सकते हैं, 'देखिए, मुझे पासवर्ड की ज़रूरत नहीं है। हमें पासवर्ड की ज़रूरत आख़िर क्यों है?' दूसरा संस्करण है, 'पासवर्ड हर 30 दिन बाद क्यों एक्सपायर हो जाते हैं? मेरे पासवर्ड को कभी एक्सपायर नहीं होना चाहिए।' आई.टी. सपोर्ट इंजीनियर पासवर्ड बदलने के बारे में निर्णय नहीं ले सकता। नियमित रूप से पासवर्ड बदलना एक अच्छी आई.टी. सुरक्षा परंपरा है और यह एक केंद्रीकृत नीतिगत निर्णय है।

इंजीनियरिंग टीम का सदस्य होने के नाते मैं जानता हूँ कि हमें प्रायः अतिरिक्त सॉफ़्टवेअर या विशेषज्ञतापूर्ण हार्डवेअर की ज़रूरत होती है। इसलिए अगर मैं आई.टी. टीम को पहले से बता दूँ, तो वे यह काम कर देंगे और उनके या मेरे लिए आपातकालीन स्थिति खड़ी नहीं होगी। मैंने इसे उपयोगी पाया है कि मैं पहल करके समय से पहले ही उन्हें अपनी ज़रूरतों की जानकारी दे दूँ। कोई आग्रह मेरे दृष्टिकोण से अत्यावश्यक है, इसका यह मतलब नहीं है कि आई.टी. विभाग भी इसे आपातकालीन स्थिति ही मानेगा। वे मानकर चलते हैं कि बहुत-से इंजीनियर हर चीज़ को अत्यावश्यक मुद्दा बना देते हैं और इस कारण हो सकता है कि वे कुछ सचमुच अत्यावश्यक आग्रहों को भी नज़रअंदाज़ कर दें।

ज़्यादातर कंपनियों में आई.टी. स्टाफ़ के कम होने की वजह से आई.टी. विभाग को प्राथमिकता तय करनी होती है और यह निर्णय लेना होता है कि कौन-सी स्थिति आपातकालीन है और कौन-सी नहीं है। चाहे जो हो, आई.टी. विभाग ज़्यादातर लोगों की नज़रों में कभी पर्याप्त तेज़ी से काम नहीं करता है।

मैं यह याद रखने की कोशिश करता हूँ कि आई.टी. विभाग की

भूमिका बहुत चुनौतीपूर्ण होती है। आई.टी. टीमों में भी आप और मुझ जैसे अच्छे लोग होते हैं। हर एक के इरादे नेक होते हैं; वे भी उसी समस्या को सुलझाने की कोशिश कर रहे हैं और उनका भी वही लक्ष्य है, जो हमारा है।

दूसरी ओर, अगर आप आई.टी. विभाग का हिस्सा हैं, तो आप फ़र्क़ डाल सकते हैं, भले ही आप सीधे-सीधे कंपनी की उन नीतियों का निर्णय नहीं लेते हैं, जिनका आप पालन करा रहे हैं। आई.टी. के सफल लोग नीतियों के पीछे के औचित्य को समझने की अतिरिक्त कोशिश करते हैं। वे यह औचित्य सभी संबंधित लोगों को बता देते हैं। संबंधित लोग इस बात की क़द्र करते हैं और उन नीतियों का पालन करने के ज़्यादा इच्छुक रहते हैं, जिनके उद्‌देश्य को वे समझते हैं। ऐसा तब नहीं होता, जब उन्हें कठोरता से बताया जाता है, 'यही नीति है और आपको इसी का पालन करना होगा।'

आई.टी. टीम के सफल सदस्य कर्मचारियों या ग्राहकों का मूल्यवान फ़ीडबैक अपने मैनेजरों तक भी पहुँचाते हैं। यह पता लगाना बेहतरीन है कि कब कोई लक्ष्य किसी अलग तरीक़े से हासिल किया जा सकता है, ताकि अंतिम उपयोगकर्ताओं को कम तकलीफ़ हो।

एच.आर. टीम के साथ मिलकर काम करें

एच.आर. टीम के पास भी प्रतिस्पर्धी प्राथमिकताओं को संतुलन करने का बहुत नाज़ुक काम होता है। कई कर्मचारी एच.आर. विभाग को अप्रभावी मानते हैं और इसे कंपनी के मूल व्यवसाय का हिस्सा नहीं मानते हैं। सामान्य एच.आर. विभाग को निम्न बातों को संतुलित करना होता है :

- उत्पादन बेहतर बनाने और लागत कम करने की कारोबारी आवश्यकताएँ
- कर्मचारी मनोबल
- निष्पक्षता (कर्मचारियों और टीमों में समानता)
- ग्राहक सेवा

एच.आर. टीम के कार्यों में शामिल होते हैं :

- संचालन (नए कर्मचारियों को लाना, कर्मचारियों को सेवामुक्त करना, नियुक्ति, प्रशिक्षण, नियमों का अनुपालन, वेतन रजिस्टर, प्रतिपूर्तियाँ, मनोबल बढ़ाने वाले कार्यक्रम आयोजित करना)
- नीतियाँ और दिशानिर्देश (बजट, क़ानूनी) - केंद्रीय रूप से तय और तुलनात्मक रूप से लंबे समय के लिए निश्चित

ज़्यादातर कंपनियाँ सिर्फ़ एक घटना या स्थिति की वजह से नीतियाँ नहीं बदलती हैं। ये मानव संसाधन नीतियाँ हर कुछ साल में बाज़ार की स्थितियों या क़ानूनों की प्रतिक्रिया में बदलती हैं। फलस्वरूप, कर्मचारी नियमावलियाँ आम तौर पर अच्छी तरह बनाई जाती हैं और कई ऐसी स्थितियों को स्पष्ट करती हैं, जिनकी कर्मचारी के रूप में हमारे सामने आने की संभावना होती है।

निष्पक्षता के दृष्टिकोण से, ज़्यादातर कंपनियाँ अपने सभी ग्राहकों और कर्मचारियों से समान व्यवहार करती हैं। ज़रूरी नहीं है कि यह हर एक के लिए सही हो। मिसाल के तौर पर, अगर किसी कर्मचारी की आँखों की रोशनी ख़राब है, तो उसे ज़्यादा बड़े मॉनिटर से लाभ हो सकता है। लेकिन कंपनी की नीति यह हो सकती है कि हर एक को एक जैसे आकार का मॉनिटर मिले। यही चुनौतियाँ लिंग (जेन्डर) संबंधी मुद्दों में होती हैं।

ज़्यादातर एच.आर. विभाग कंपनी के मार्गदर्शक नियमों और नीतियों को समझाने के लिए नए स्नातकों के साथ काम करते हैं। एच.आर. नीतियाँ कंपनी के उद्देश्यों को सुगम बनाने के लिए तैयार की जाती हैं। कर्मचारी संबंधी कई स्थितियाँ बहुत जटिल होती हैं, जिनका कोई स्पष्ट जवाब नहीं होता। एक ही जवाब हर एक के लिए हमेशा उचित नहीं होता। टीम के अलग-अलग सदस्यों और अलग-अलग स्थितियों में काम करते समय ज़्यादातर कंपनियाँ समानता का व्यवहार करने की यथासंभव कोशिश करती हैं।

चूँकि कर्मचारी संबंधी स्थितियाँ बहुत व्यापक होती हैं, इसलिए ग़लतियाँ होती हैं। हमें यह समझने की ज़रूरत होती है कि हम ग़लती कर

सकते हैं और उससे सीख सकते हैं। जिस तरह प्रोग्रामर कोड लिखने में ग़लतियाँ करते हैं, उसी तरह एच.आर. विभाग भी ग़लतियाँ कर सकता है।[14]

हम एच.आर. विभाग की भूमिका और ज़िम्मेदारियों को जितना ज़्यादा समझते हैं, उसके साथ काम करना उतना ही ज़्यादा आसान होगा।

अनुशासनात्मक कार्यवाही के आधार

मेरे अनुभव में अनुशासनात्मक कार्यवाही के संबंध में ज़्यादातर कंपनियों की बहुत कठोर नीतियाँ होती हैं, जिनमें आम तौर पर निम्न मुद्दे शामिल हैं :

- कंपनी के बुनियादी मूल्यों का उल्लंघन
- चोरी
- फ़ेसबुक, ब्लॉग, इंस्टेंट मैसेजिंग पर गोपनीय जानकारी बताना
- झूठ बोलना
- यौन उत्पीड़न
- ऑफ़िस में हिंसा
- ऐसी जानकारी को छुपाना, जिससे व्यवसाय में नुक़सान हो
- अश्लील सामग्री या अन्य अनुचित सामग्री देखना और संग्रह करना

कार्य के प्रबंधन की जाँचसूची

- टेक्स्ट मैसेजिंग, मोबाइल फ़ोन, फ़ेसबुक, ट्विटर, ई-मेल का उपयोग दिन में केवल कुछ बार तक सीमित करें
- काम में भटकाव या मनबहलाव से बचें
- अगले 6 महीने से लेकर एक साल तक की कार्य-योजना बनाएँ

- समय पर ऑफ़िस पहुँचें
- काम की अंत तक निगरानी करें
- टीम के मानदंडों का अनुसरण करें
- समय पर मीटिंग शुरू करें
- समय पर मीटिंग ख़त्म करें
- सिर्फ़ समस्याओं के नहीं, बल्कि समाधानों के साथ अपने बॉस के पास जाएँ
- बॉस की चुनौतियों में उनकी मदद करें
- समय से पहले आई.टी. विभाग को अपनी ज़रूरत बता दें
- कर्मचारी नियमावली को पढ़ लें

4

व्यक्तिगत प्रभावकारिता का प्रबंधन करें

'जीनियस 1 प्रतिशत प्रतिभा और 99 प्रतिशत मेहनत है।'

–ऐल्बर्ट आइंस्टाइन,
भौतिकी के नोबेल पुरस्कार विजेता

मैंने 19 मई, 1986 को आई.आई.टी. खड़गपुर से निकला। मैंने अपनी बी.टेक (ऑनर्स) डिग्री हासिल करने के लिए कड़ी मेहनत की थी और इस प्रक्रिया में आजीवन बने रहने वाले मित्र बनाए थे। मैंने आई.आई.टी. के अंतिम बिल चुकाए, ताकि यह सुनिश्चित कर सकूँ कि मुझे मेरी डिग्री का प्रमाणपत्र मिल जाए। मैंने अपना एस.बी.आई. का बैंक ख़ाता बंद किया और अपने हॉस्टल के कमरे की सफ़ाई कर दी।

शिशिर कुमार विश्वास (शिशिरदा) आर. के. रेज़िडेंस हॉल में आने वाले डाकिए थे, जहाँ मैं रहता था। शिशिरदा घर से आने वाली चिट्ठियाँ हम तक पहुँचाते थे और बाहरी संसार के साथ हमारी अति महत्त्वपूर्ण कड़ी थे। हम उनसे पत्र लेने की राह देखते रहते थे। शिशिरदा हॉस्टल के कॉमन रूम के बाहर बैठ जाते थे और हमें पत्र बाँटते थे, जब हम दोपहर का खाना लेने पहुँचते थे। उन दिनों ई-मेल नहीं था और पत्र पहुँचने में अमूमन 10 दिन लग जाते थे। कई पत्र डाक में खो भी जाते थे। फ़ोन कॉल अव्यावहारिक और महँगे थे।

आर. के. हॉल के मेरे एक सीनियर ने मुझे बताया कि शिशिरदा किसी विश्वविद्यालय के पत्र को सूँघकर बता सकते थे कि उस पत्र में

विदेशी छात्रवृत्ति है या नहीं। मुझे वह दिन याद है, जब उन्होंने मुझे आयोवा स्टेट युनिवर्सिटी का स्कॉलरशिप लेटर थमाया। जाने से पहले मैंने उन्हें अपनी साइकल तोहफ़े में दी (जैसी कि मेरे हॉस्टल की परंपरा थी)।

जब मैं आर. के. हॉल से निकलकर 'असल संसार' में गया, तो मैं सोचता था कि मैं सब कुछ जानता हूँ। मैं एक युवा, आत्मविश्वासी, घमंडी इंजीनियर था। दरअसल, मेरी आत्म-जागरूकता बहुत कम थी (मैं यह नहीं जानता था कि मैं क्या-क्या नहीं जानता था)। मुझमें आत्म-प्रबंधन की कई बुनियादी योग्यताओं का अभाव था, जिनमें सुनना, समय का प्रबंधन और अनुशासन शामिल था।

मेरी पर-पीड़ित मानसिकता थी, जहाँ मैं अपनी तमाम मुश्किलों के लिए दूसरों को दोष देता था। चूँकि मैं सही जवाब पर पहुँचने के लिए तकनीकी समस्याओं को सुलझाने में अपना सारा समय लगाता था, इसलिए मुझमें जीवन की योग्यताओं की कमी थी। कॉलेज में योजनाबद्ध जीवन से बाहर आने पर अब मुझे अपने जीवन के ढाँचे को परिभाषित करना था।

नए स्नातकों के साथ मेरे काम में मैंने यह देखा है कि कई में उस संसार में बचे रहने की योग्यताओं और आत्म-जागरूकता की कमी होती है, जहाँ उन्हें अपनी प्रभावकारिता का प्रबंधन खुद करना होता है। जब नए स्नातक हमारी कंपनी में शामिल होते हैं, तो हम उनकी आत्म-जागरूकता बढ़ाने में उनकी मदद करते हैं। इसमें उनके व्यक्तित्व, कार्यशैली और उनके इमोशनल इंटेलिजेंस (ई.क्यू.) स्तर को पहचानना शामिल होता है।

मनोविज्ञान में न जाते हुए हम आंतरिक और बाहरी नियंत्रण केंद्र *(लोकस ऑफ़ कंट्रोल)*[15] पर बातचीत करते हैं, ताकि वे पर-पीड़ित मानसिकता से बच सकें। जब हम दूसरों को दोष देना छोड़ देते हैं, तभी हम समाधानों की तलाश शुरू कर सकते हैं।

नियंत्रण के *आंतरिक* केंद्र वाले लोगों को यक़ीन होता है कि उनके जीवन की घटनाएँ उनके खुद के कार्यों का परिणाम होती हैं। यदि नियंत्रण के आंतरिक केंद्र वाला कोई व्यक्ति किसी परीक्षा में अच्छा प्रदर्शन नहीं करता है, तो वह इसका दोष *अपनी खुद की* तैयारी के अभाव को देता है।

यदि वह परीक्षा में अच्छा प्रदर्शन करता है, तो वह इसका श्रेय अध्ययन करने की *अपनी* योग्यता को देता है।

जब नियंत्रण के *बाहरी* केंद्र वाला कोई व्यक्ति किसी परीक्षा में ख़राब प्रदर्शन करता है, तो उसे महसूस होता है कि परीक्षा मुश्किल थी। यदि परीक्षा में उसे अच्छा परिणाम मिलता है, तो वह सोचता है कि वह खुशक़िस्मत था या शिक्षक उदार था।

मुझे एक कर्मचारी याद है, जो हर दिन ऑफ़िस में 20-30 मिनट देरी से आता था। वह देर से आकर कहता था, 'ट्रैफ़िक सचमुच बुरा था।' ट्रैफ़िक को दोष देना नियंत्रण के *बाहरी* केंद्र की प्रतिक्रिया है। नियंत्रण के आंतरिक केंद्र की प्रतिक्रिया है, 'मुझे देर इसलिए हो गई, क्योंकि मैं घर से समय पर नहीं निकला।' हाँ, कभी-कभार शहर में सार्वजनिक यातायात संबंधी समस्या आ जाती है, लेकिन ऐसे मामले में सिर्फ़ एक व्यक्ति नहीं, बल्कि कई लोग ऑफ़िस देर से आएँगे। हमने उस कर्मचारी के साथ काम करके यह सुनिश्चित किया कि वह दैनिक ट्रैफ़िक से बचने की योजना बनाए और अपने घर से ज़्यादा जल्दी निकले।

आगे दिए गए कथनों में से प्रत्येक एक ही स्थिति के बारे में अलग-अलग दृष्टिकोण बताता है।

टेबल 4.1 : एक ही स्थिति के दो दृष्टिकोण

बाहरी	आंतरिक
ग्राहक समझता ही नहीं है	मुझे ज़्यादा अच्छे तरीक़े से समझाने की ज़रूरत है
मुझे ट्रैफ़िक के कारण देर हो गई	मुझे ज़्यादा जल्दी निकलने और ट्रैफ़िक के लिए योजना बनाने की ज़रूरत है
सॉफ़्टवेअर काम नहीं कर रहा है	मैं नहीं जानता कि सॉफ़्टवेअर का इस्तेमाल कैसे करना है

बाहरी	आंतरिक
सॉफ़्टवेअर की आवश्यकता स्पष्ट नहीं हैं	मैंने आवश्यकताओं को स्पष्ट करने के लिए सही सवाल नहीं पूछे हैं
मेरा अधीनस्थ बहुत ज़्यादा ग़लतियाँ करता है	मैंने अपने अधीनस्थ को प्रशिक्षित नहीं किया है
मेरे पास समय नहीं है	मैंने प्राथमिकताएँ तय नहीं कीं
मेरा अलार्म नहीं बजा	मैंने अपना अलार्म सही तरीक़े से नहीं लगाया
हमें सही क़िस्म के कर्मचारी नहीं मिलते हैं	मैं नौकरी की आवश्यकताओं और योग्यताओं के बारे में स्पष्ट नहीं हूँ
किसी ने भी मुझे नहीं बताया	मैंने किसी से भी नहीं पूछा

जब मैंने आई.आई.टी. में अपनी योजनाबद्ध ज़िंदगी को छोड़ा, तो मुझे कई क्षेत्रों में अपने व्यक्तिगत विकास को तीव्र करने की ज़रूरत थी। जब मैंने कामकाजी दुनिया और समाज में क़दम रखा, तो ऑफ़िस के घंटों (आम तौर पर 50 घंटे प्रति सप्ताह) के अलावा मेरे लिए कोई तंत्र मौजूद नहीं था। मुझे मकान और भोजन की व्यवस्था व्यक्तिगत रूप से करनी थी। नींद के लिए 56 घंटे प्रति सप्ताह अलग रखने के बावजूद मेरे पास अब भी 60 घंटे बचते थे, जिनका इस्तेमाल मैं अपने मनचाहे तरीक़े से कर सकता था। मैं इन घंटों को बर्बाद कर सकता था या फिर मैं जीवन में तरक्की करने के लिए उनका लाभकारी उपयोग कर सकता था।

बहुत-से नए स्नातकों के पास यही अवसर होता है।

नेतृत्व के गुण

अपने करियर में मैंने जल्दी ही सीख लिया था कि मैं किसी भी स्तर पर नेतृत्व कर सकता हूँ। मेरे प्रभाव का दायरा मेरी भूमिका के अनुरूप छोटा या बड़ा हो सकता है, लेकिन मैं हमेशा नेतृत्व का अभ्यास कर सकता हूँ। मैंने उद्योग के सभी सफल लोगों में एक आम सूत्र यह देखा है कि वे

नेतृत्व का अभ्यास जल्दी ही शुरू कर देते हैं। सफल लोग लीडर बनने के लिए ओहदों का इंतज़ार नहीं करते हैं।

टेबल 4.2 : विभिन्न स्तरों पर लीडरों की शीर्ष अपेक्षाएँ

नया स्नातक	मध्यम मैनेजर	शीर्षस्थ लीडर
कड़ी मेहनत	दूसरों को प्रेरित करने की योग्यता	भविष्यदृष्टि
प्रोऐक्टिविटी	निर्णायकता	दूसरों को प्रेरित करने की योग्यता
विश्वसनीयता	औद्योगिक अनुभव	निर्णायकता
बुद्धि	नेटवर्किंग की योग्यता	संकट सँभालने की योग्यता
महत्त्वाकांक्षा	काम सौंपना	ईमानदारी

स्त्रोत : ओवेन, *द लीडरशिप स्किल्स हैंडबुक : 50 की स्किल्स फ़्रॉम 1,000 लीडर्स*

पिछले कुछ सालों में मैंने प्रबंधन और नेतृत्व पर बहुत-सी पुस्तकें पढ़ी हैं। ज़्यादातर पुस्तकें किसी लीडर का वर्णन एक ख़ास पृष्ठभूमि में करती हैं। द *लीडरशिप स्किल्स हैंडबुक*[16] में जो ओवेन ने 1,000 लीडरों का सर्वेक्षण किया था। लेखक ने पूछा था कि लीडरों से किन गुणों की अपेक्षा की जाती है। परिणामों की समीक्षा करने पर मुझे अहसास हुआ कि जब हम प्रवेश स्तर की भूमिकाओं से उठकर मध्यम प्रबंधन और वरिष्ठ स्तरों पर पहुँचते हैं, तो अपेक्षाएँ बदल जाती हैं।

मध्यम प्रबंधन तक प्रगति करने के लिए मुझे अतिरिक्त योग्यताएँ और व्यवहार सीखने थे तथा उनमें माहिर बनना था। इनमें उद्योग का ज्ञान हासिल करना और निर्णय लेने तथा काम सौंपने की योग्यताएँ सीखना शामिल था।

मैंने कई नए स्नातकों को इन बुनियादी अपेक्षाओं पर लड़खड़ाते देखा है। यदि आप इन बुनियादी बातों पर ध्यान केंद्रित करते हैं, तो आप अपने साथियों के समूह से अलग हटकर दिखेंगे।

पदनाम हर उद्योग के हिसाब से अलग होते हैं

जब मैंने कार्य अनुभव हासिल किया और कई उद्योगों के ग्राहकों के साथ बातचीत की, तो मुझे इस बात का अहसास हुआ कि ओहदे और पदनाम उद्योग, संगठन और व्यक्ति के हिसाब से भिन्न होते हैं। ये पदनाम आम तौर पर बहुत व्यक्तिपरक होते हैं और सभी स्थितियों में समान नहीं होते हैं।

मिसाल के तौर पर, वाइस प्रेज़िडेंट का पदनाम बैंक सामान्य रूप से मध्यम स्तर के कर्मचारियों के लिए भी इस्तेमाल करते हैं। कई बैंकों में यह पदनाम किसी विभाग के मैनेजर का होता है। बैंक पदनाम इतनी उदारता से बाँटते हैं, इसका कारण ग्राहक अपेक्षाओं - कुछ ग्राहक अपनी आर्थिक स्थिति के बारे में केवल किसी वरिष्ठ व्यक्ति से ही बातचीत करना चाह सकते हैं - से लेकर नियामक या क़ानूनी आवश्यकताओं को पूरा करने की ज़रूरत तक हो सकते हैं। दूसरी ओर, आई.बी.एम. जैसी कंपनी में वाइस प्रेज़िडेंट का पदनाम शायद ही कभी दिया जाता है और आम तौर पर बहुत वरिष्ठ अफ़सर को ही दिया जाता है। यह व्यक्ति यदि हज़ारों नहीं, तो सैकड़ों लोगों के प्रबंधन के लिए ज़िम्मेदार होता है।

इसी तरह, पीएचडी लोगों की रिसर्च ऐंड डेवेलपमेंट टीम का मैनेजर किसी ग्राहक सेवा विभाग के मैनेजर से बहुत अलग तरीक़े से प्रबंधन करता है। दोनों ही प्रबंधक प्रबंधन का एक जैसा काम कर रहे हैं, लेकिन अपेक्षाएँ और शक्ति तंत्र बहुत अलग होते हैं।

इसके साथ ही, मुझे यह अहसास नहीं था कि लीडर बनने के लिए मुझे सी.ई.ओ. बनने की ज़रूरत नहीं है। हम सभी के पास पहल करने और अपने विभाग तथा कंपनी के प्रदर्शन को बेहतर बनाने के अवसर होते हैं। जब मैंने उद्योग के कुछ सफल लोगों का अवलोकन किया, तो मैंने सीखा कि उन्होंने अपने करियर में जल्दी ही नेतृत्व को समझकर

उसका अभ्यास शुरू कर दिया था और इसे जारी रखा। लीडर बनने के लिए उन्होंने किसी औपचारिक पद का इंतज़ार नहीं किया।

कार्यशैली और व्यक्तित्व

बहुत तकनीकी पृष्ठभूमि होने की वजह से मैं कार्यशैली और व्यक्तित्व को नहीं समझता था। मैं दूसरों का नेतृत्व कर सकूँ, इससे पहले मुझे अपनी आत्म-जागरूकता बढ़ानी थी। कई लोग तो 35-40 साल के हो जाते हैं, तभी वे जान पाते हैं कि उनके लिए क्या काम करता है और क्या नहीं करता। यह मामला निश्चित रूप से मेरे साथ था। मैं अब भी ख़ुद को बेहतर रूप से समझने पर काम कर रहा हूँ, ताकि मैं दूसरों को बेहतर समझ सकूँ।

हम कौन हैं, हमारा व्यक्तित्व और कार्यशैली उसके बड़े हिस्से हैं। वर्तमान सोच यह है कि व्यक्तित्व के कई गुण जीवन में जल्दी ही प्रकट हो जाते हैं और जीवन भर हमारे साथ रहते हैं।

डी.आई.एस.सी. (डॉमिनेन्स यानी प्रभुत्व, इनफ़्लूएंस यानी प्रभाव, स्टेडीनेस यानी निरंतरता और कम्प्लाएंस यानी अनुपालन) और *पीपल स्टाइल्स एट वर्क*[17] दो सरल औज़ार हैं, जिनका इस्तेमाल आप अपनी कार्यशैलियों को बेहतर तरीक़े से समझने के लिए कर सकते हैं। हमारी आत्म-जागरूकता को बढ़ाने वाले कई अन्य मुफ़्त टेस्ट ऑनलाइन उपलब्ध हैं।

लोगों के साथ अच्छी तरह काम करना प्रबंधक की एक बेहद महत्त्वपूर्ण योग्यता है। जब मैंने लोगों के प्रबंधन के बारे में ज़्यादा सीखा, तो किसी व्यक्ति की स्वाभाविक कार्यशैली के बारे में सीखना मेरे लिए उपयोगी था। मुझसे बहुत भिन्न लोगों के साथ अच्छी तरह काम करने के लिए मुझे यह आकलन करना था कि उनके द्वारा किस तरह चीज़ें किए जाए की संभावना है। वे कैसा व्यवहार पसंद करते हैं? उनकी वरीयताओं के अनुरूप ढलने के लिए मैं अपने व्यवहार में छुटपुट परिवर्तन कर सकता हूँ।

इसके बाद, मैनेजर के रूप में मैं उनकी भूमिकाओं का सामंजस्य उनकी स्वाभाविक शक्तियों और पसंदीदा कार्यशैली के साथ कर सकता

हूँ। व्यक्तित्व के ये प्रकार लोगों को चंद साँचों में फ़िट करने के इरादे से नहीं बनाए गए हैं; वे तो लोगों को उन कामों के साथ पंक्तिबद्ध करने के लिए हैं, जिनका वे स्वाभाविक रूप से ज़्यादा आनंद लेंगे। कोई अपने काम का जितना अधिक आनंद लेता है, वह उतना ही अधिक सफल होगा।

संतुलन खोजें

युनिवर्सिटी ऑफ़ मिशिगन में एम.बी.ए. विद्यार्थी के मेरे दूसरे साल में व्यवसायी और लेखक स्टीफ़न कवी ने विद्यार्थियों के लिए एक दिन की वर्कशॉप आयोजित की। अपनी पुस्तक द *सेवन हैबिट्स ऑफ़ हाइली इफ़ेक्टिव पीपल* पर बातचीत करते समय उन्होंने हमें बहुत भावुकता के साथ बताया कि कैसे कई वरिष्ठ एग्ज़ेक्यूटिव, जो अग्रणी कंपनियों में शिखर के पदों पर आसीन हैं, बहुत नाखुश थे। ऑफ़िस के बाहर उनके बहुत कम क़रीबी संबंध थे। कई का तो परिवार ही नहीं था, क्योंकि वे सिर्फ़ अपने करियर पर ध्यान केंद्रित करते थे। कुछ अपने जीवनसाथी के साथ इतना बुरा बर्ताव करते थे, जितना वे किसी अजनबी के साथ भी नहीं करते थे और दरवाज़ा खोलने जैसे छोटे शिष्टाचार को नज़रअंदाज़ कर देते थे। कई अपने स्वास्थ्य की परवाह नहीं कर पाते थे और बहुत बीमार थे।

लगभग 20 साल बाद जब मैं उनकी टिप्पणियों के बारे में सोचता हूँ, तो कवी हमसे अपने जीवन के चार आयामों में संतुलन स्थापित करने को कह रहे थे :

- व्यक्ति के रूप में अपनी परवाह खुद करना (स्वास्थ्य, आध्यात्मिक आवश्यकताएँ और तनाव)
- पेशेवर दृष्टि से अपना विकास करना
- अपने परिवार की देखभाल करना, और
- अधिक व्यापक समुदाय से जुड़ाव रखना

दीर्घकाल में खुश रहने के लिए मुझे इन चारों क्षेत्रों में संसाधनों की प्रतिस्पर्धी आवश्यकताओं को संतुलित करना सीखना था। यदि मैं एक क्षेत्र में कमतर रहता हूँ, तो मैं प्रभावी नहीं हूँ।

सीखना सीखें

जब मैं कॉलेज में था, तो हर सेमेस्टर में पाँच नए विषयों से मेरा परिचय होता था। मैंने बहुत सीखा। मुझे ये विषय सीखने थे और परीक्षा पास करके साबित करना था कि मैंने जानकारी ग्रहण कर ली थी।

जब 1980 के दशक के अंत में मैं उद्योग में आया, तो इसके बाद मेरे सीखने की गति काफ़ी धीमी हो गई। अपना काम कैसे करना है, यह सीखने के बाद मेरे लिए नौकरी क़ायम रखने के लिए पुस्तकें पढ़ने की कोई आवश्यकता नहीं रह गई थी। हम हर महीने उद्योग संबंधी कुछ पत्रिकाएँ पढ़ते थे, लेकिन मुख्यतः प्रतिस्पर्धी जानकारी हासिल करने के लिए। इंजीनियरों के रूप में हममें से ज़्यादातर को अपना ज्ञान साबित करने के लिए कोई परीक्षा नहीं देनी होती थी। परिवर्तन धीरे-धीरे बढ़ रहे थे और हममें से ज़्यादातर परिवर्तन का प्रतिरोध करते थे। हममें से कई सीखने और नई योग्यताओं अथवा प्रौद्योगिकियों में माहिर बनने के मूल्य को नहीं पहचानते थे। कई तो पूरे साल में एक भी नई पुस्तक नहीं पढ़ते थे। तरक्की करने के लिए संकल्पवान होकर मैंने बुक स्टोर जाने और पढ़ने के लिए पुस्तकें खोजने का अतिरिक्त प्रयास किया।

'जो व्यक्ति अच्छी पुस्तकें नहीं पढ़ता है, वह उस व्यक्ति से ज़्यादा बेहतर स्थिति में नहीं है, जो उन्हें पढ़ ही नहीं सकता।'

–मार्क ट्वेन,
मशहूर अमेरिकी लेखक

इंटरनेट के बढ़ते प्रयोग के साथ ज़्यादातर उद्योगों में परिवर्तन की गति बहुत तेज़ हो चुकी है। सीखना ज़्यादा आसान हो गया है, क्योंकि जानकारी, पुस्तक की सूचियों और लेक्चरों तक तुरंत पहुँचना संभव हो चुका है। अब मैं हर सप्ताह ऐमेज़ॉन से कई पुस्तकों का ऑर्डर देता हूँ, ताकि नवीनतम जानकारी हासिल कर सकूँ और अपनी योग्यताओं को बेहतर बना सकूँ। टीवी देखने या गपशप करने के बजाय मैं अपना ज्ञान बढ़ाने के लिए पढ़ता हूँ।

एम.ए.क्यू. सॉफ़्टवेअर में हम चाहते हैं कि हमारी इंजीनियरिंग

टीम के सदस्य अपनी तकनीकी योग्यताओं को हर साल बेहतर बनाएँ। हम परीक्षाएँ लेकर हमारे सीखने को *प्रमाणित* करते हैं। हम सीखते हैं कि हम अपने प्रतिस्पर्धियों के मुक़ाबले ज़्यादा तेज़ी से नई प्रौद्योगिकियाँ आसानी से कैसे सीखें।

किसी नए क्षेत्र के बारे में सीखने के लिए मैं उस विषय के लिए निर्धारित कॉलेज की पाठ्य-पुस्तकें पढ़कर शुरुआत करता हूँ। आई.टी. इंजीनियरों को मैं डाटा स्ट्रक्चर और डाटाबेसेस टेक्स्ट बुक्स की समीक्षा करने की सलाह देता हूँ। अधिकतर पाठ्यपुस्तकों में सैद्धांतिक ज्ञान और उस क्षेत्र में हुई नवीनतम प्रगति का जायज़ा शामिल होता है। यदि मैं बुनियादी अवधारणाओं को नहीं समझता हूँ, तो मैं उन्हें सही तरीक़े से लागू नहीं कर सकता। पाठ्य-पुस्तकों की समीक्षा पूरी करने के बाद ही मैं टूल्स के लिए दस्तावेज़ और प्रशिक्षण मैनुअल पढ़ता हूँ (जैसे, विज़ुअल स्टूडियो और एस.क्यू.एल. सर्वर)।

मैं कंपनी के विशेषज्ञों से पूछता हूँ कि मुझे क्या पढ़ना चाहिए। इसके अलावा, मैं जिस प्रौद्योगिकी पर काम कर रहा हूँ, उस विषय पर बेस्टसेलिंग पुस्तकों (क्राउडसोर्सिंग) के लिए मैं ऐमेज़ॉन डॉट कॉम और लोकप्रिय इंटरनेट ब्लॉग्स पर सर्च भी करता हूँ।

जब मैं उन लीडरों के बारे में सोचता हूँ, जो अर्थव्यवस्था के बुरे चक्रों में भी बचे रहे, तो मैं पाता हूँ कि उन सभी को सीखने की आदत थी। मुझे आज तक इस नियम का एक भी अपवाद नहीं मिला है।

जिस भी तरीक़े से सीख सकें, सीखें ज़रूर

सीखना कक्षा और पुस्तकों के बाहर भी होता है। विद्यार्थी के रूप में मैंने अपने प्रोफ़ेसरों से सीखा। मैंने वर्क-प्रॉजेक्ट के ज़रिये भी सीखा। जब मैं मिशिगन में था, तो मैं मास्टर्स डिग्री ले चुका था और मेरे पास आई.आई.टी. की स्नातक डिग्री भी थी। आज के कई एम.बी.ए. विद्यार्थियों की तरह ही मैंने भी एम.बी.ए. करने से पहले कई साल तक नौकरी की थी।

उस वक़्त मैं सोचता था कि मैं फ़ाइनैंस में जाना चाहता हूँ, इसलिए मैंने एक फ़ाइनैंस प्रोफ़ेसर द्वारा विज्ञापित अंशकालीन विद्यार्थी नौकरी के

लिए आवेदन दे दिया। उस नौकरी में विद्यार्थी को कुछ तनख़्वाह भी मिलनी थी। काम माइक्रोफ़िल्म से डाटा पढ़ना और उसे एक्सेल फ़ाइल में टाइप करना था।

मैं प्रोफ़ेसर के पास जाकर बोला, 'मैं इस नौकरी के लिए आवेदन देना पसंद करूँगा।'

उन्होंने कहा, 'यह डाटा एंट्री का काम है। तुम्हारे पास उद्योग के अनुभव के अलावा एक मास्टर डिग्री है। क्या तुम सचमुच यह नौकरी चाहते हो?'

मैंने कहा, 'हाँ।'

उन्होंने जवाब दिया, 'क्या तुम्हें अहसास है कि यह कितना नीरस काम है? तुम्हें लाइब्रेरी जाना होगा, कंपनियों की माइक्रोफ़िल्म खोजनी होगी, डाटा को एक्सेल में टाइप करना होगा और हर सप्ताह इसे मुझे देना होगा।'

मैंने कहा, 'हाँ, मैं यह काम करना चाहता हूँ।'

प्रॉजेक्ट क्या था? वे आई.पी.ओ. और अंदरूनी निवेशकों के शेयरहोल्डिंग पैटर्न संबंधी जानकारी इकट्ठी कर रही थीं। डाटा में यह जानकारी रहती थी कि किसी कंपनी का शेयर इसके आई.पी.ओ. के बाद कैसे ऊपर उठता है। वे शेयर के स्वामित्व और प्रदर्शन के आपसी संबंध का अध्ययन कर रही थीं।

मेरा काम संबंध का अध्ययन करना नहीं था। मेरा काम तो सिर्फ़ डाटा की प्रविष्टि करना था। बहरहाल, माइक्रोफ़िल्म से जानकारी टाइप करते समय मैंने इस बारे में बहुत सीखा कि कंपनियाँ कैसे बनाई जाती हैं। मैंने उन लोगों के बारे में जाना, जो कंपनी बनाने का निर्णय लेते हैं और यह भी कि उनकी योग्यताएँ क्या होती हैं। हो सकता है कि किसी दूसरे व्यक्ति के लिए यह सिर्फ़ डाटा की प्रविष्टि का काम होता। मेरे लिए यह सीखने का अवसर था।

युनिवर्सिटी ऑफ़ मिशिगन, ऐन आर्बर, में अपने दूसरे साल के

दौरान मैंने एक ऐसा काम किया, जिसने माइक्रोसॉफ़्ट में नौकरी दिलाने में मेरी मदद की। मैं विश्वविद्यालय के बौद्धिक संपदा कार्यालय में अंशकालीन काम करता था, जो विश्वविद्यालय द्वारा विकसित प्रौद्योगिकी की लाइसेंसिंग के लिए ज़िम्मेदार था। बौद्धिक संपदा कार्यालय युनिवर्सिटी में तैयार हुई प्रौद्योगिकी को लेता था और कंपनियों को लाइसेंस पर देता था।

हर साल विभाग प्रमुख विश्वविद्यालय में विकसित प्रौद्योगिकियों की मार्केटिंग करने के लिए कुछ एम.बी.ए. विद्यार्थियों को नियुक्त करते थे। मेरी भूमिका कंपनियों से संपर्क करके यह पता लगाना था कि क्या युनिवर्सिटी ऑफ़ मिशिगन में विकसित प्रौद्योगिकी के लाइसेंस में उनकी कोई दिलचस्पी है। विभाग मैनेजर ने मेरे सामने यह स्पष्ट कर दिया था कि इस काम में ज़्यादा पैसे नहीं मिलते हैं। बहरहाल, मैं सीखने और अनुभव हासिल करने का अवसर चाहता था। चूँकि मेरी सारी बचत ख़त्म हो गई थी, इसलिए मैं तनख़्वाह का उपयोग कर सकता था और अपने विद्यार्थी कर्ज़ को बढ़ने से रोक सकता था।

मेकैनिकल इंजीनियरिंग की मेरी पृष्ठभूमि को देखते हुए डिपार्टमेंट मैनेजर ने मुझे युनिवर्सिटी ऑफ़ मिशिगन के मेकैनिकल इंजीनियरिंग के एक युवा असिस्टेंट प्रोफ़ेसर के साथ काम करने के लिए नियुक्त किया।

प्रोफ़ेसर ने एक सॉफ़्टवेअर विकसित किया था, जो पर्सनल कंप्यूटर पर वाहन गति विज्ञान (वहीकल डायनैमिक्स) का अनुकरण करता था। उन्होंने मुझे मार्केटिंग विशेषज्ञ मानते हुए मुझसे अपनी सॉफ़्टवेअर टेक्नोलॉजी को बाज़ार में उतारने की योजनाओं के बारे में पूछा। मुझे मार्केटिंग के चार मुख्य सिद्धांतों के बारे में सोचना पड़ा। मुझे प्रॉडक्ट की विशेषताओं को समझना था, भाव का प्रस्ताव तैयार करना था, प्रॉडक्ट का प्रचार करना था और इसके वितरण की बारीकियों को जानना था। संभावित ग्राहकों की सूची बनाते हुए मैंने 10 कंपनियों की सूची बनाई, जिन्हें हम सॉफ़्टवेअर लाइसेंस दे सकते थे। मैंने उन कंपनियों को फ़ोन किए, जो इस तरह का मेरा पहला अनुभव था। अगले साल जब माइक्रोसॉफ़्ट प्रॉडक्ट मार्केटिंग मैनेजरों की तलाश कर रहा था, तो मैं अपने सामने आई मार्केटिंग चुनौतियों के बारे में धाराप्रवाह बातचीत कर

सकता था। बौद्धिक संपदा कार्यालय के अनुभव ने मुझे एक शक्तिशाली उम्मीदवार बना दिया था।

युनिवर्सिटी ऑफ़ मिशिगन में हमें स्थानीय ग़ैर-लाभकारी स्थानीय संस्थाओं में भी स्वेच्छा से समय देने के अवसर मिले। मैंने एक ग़ैर-लाभकारी संस्था के साथ काम किया, जो मानसिक चुनौती झेल रहे लोगों की सामान्य जीवन जीने में मदद करती है। ज़्यादातर ग़ैर-लाभकारी संस्थाओं की तरह ही इस स्थानीय संगठन के पास भी पर्याप्त धनराशि नहीं थी और इसे मार्केटिंग में सहायता की ज़रूरत थी। पैसे जुटाने में मेरी सफलता सीमित रही। इस अनुभव से मैंने सीखा कि ग़ैर-लाभकारी संगठनों के लिए पैसे जुटाना वाक़ई मुश्किल होता है।

मेरे संदर्भ में, कैंपस के काम अलग-अलग क्षेत्रों में ज्ञान हासिल करने और योग्यताएँ सीखने का बेहतरीन उपाय थे। हालाँकि इनमें से कुछ कामों में शिक्षण शुल्क की तुलना में ज़्यादा अच्छा भुगतान नहीं मिला, लेकिन मैंने ऐसी योग्यताओं में महारत हासिल की, जो बाद में बहुत काम आईं।

हमारे कुछ प्रमुख लीडरों ने मूलतः टेस्ट इंजीनियरों के रूप में काम करते हुए शुरुआत की थी। हमारे एक प्रमुख मैनेजर ने अस्थायी डाटा एंट्री ऑपरेटर के रूप में काम शुरू किया था। उसने इंटरनेट से कंपनियों के बारे में डाटा एकत्रित करना शुरू किया। जब डाटा एंट्री का प्रॉजेक्ट ख़त्म हो गया, तो उसके ज़्यादातर साथी चले गए। बहरहाल, जाने के बजाय इस ऑपरेटर ने कंपनी के भीतर नए काम खोजे। उसने अकाउंटिंग और प्रशासन में मदद की पेशकश की। वह कंप्यूटर हार्डवेअर के बारे में बहुत कुछ जानता था और मदद करने लगा। अंततः उसने आई.टी. विभाग को सँभाल लिया। उसने काफ़ी तेज़ी से तरक्की की, हालाँकि उसने बहुत निचले स्तर की अस्थायी नौकरी से शुरुआत की थी। मेरा अनुभव कहता है कि किसी भी क्षेत्र में योग्यताएँ विकसित करना और अपना विकास करना संभव है।

सीखने का घंटा

सॉफ़्टवेअर उद्योग में ज़्यादातर प्रोफ़ेशनल हर सप्ताह काम में 45 से 55 घंटे बिताते हैं। मैं हर एक को प्रोत्साहित करता हूँ कि वह किसी नई योग्यता

को सीखने या सॉफ़्टवेअर संबंधी ज्ञान बढ़ाने के लिए हर सप्ताह बस एक घंटे का समय दे। अनौपचारिक रूप से भी हम 7-10 लोगों का एक अध्ययन समूह बना सकते हैं। हम किसी नए विषय या उद्योग में किसी नए परिवर्तन पर बारी-बारी से बोल सकते हैं। मैंने कई सफल पेशेवर लोगों को किसी ख़ास उद्योग प्रमाणीकरण (जैसे एजाइल पी.एम.पी.) को हासिल करने के लिए अध्ययन समूह बनाते देखा है।

हाँ, हम पर हर सप्ताह काम और समय सीमाओं का बहुत दबाव होता है। हम व्यस्त हैं। मगर सीखने के घंटे में प्रति सप्ताह 1 घंटा (हमारे समय का 2 प्रतिशत) लगाकर हम यह सुनिश्चित करते हैं कि हमारा बाक़ी 98 प्रतिशत समय अच्छा बीते। जैसा स्टीफ़न कवी ने कहा था, 'आरी की धार तेज़ करो'[18] अति प्रभावकारी लोगों की सात आदतों में से एक है। इतने बरसों में हमारी कंपनी ने सीखने के लिए प्रति सप्ताह 1 घंटा अलग रखने को बहुत उपयोगी पाया है।

मदद माँगिए

जब मैं नए स्नातकों से बातचीत करता हूँ, तो मैं पाता हूँ कि वे प्रायः मदद नहीं माँगते हैं। कारण व्यक्ति के हिसाब से अलग होते हैं, जैसे आत्मविश्वास का अभाव, आत्म-छवि या व्यस्त अफ़सर।

ऑफ़िस में हम जिस भी समस्या या चुनौती का सामना करते हैं, उसे कंपनी के भीतर कोई दूसरा पहले ही सँभाल चुका है। हम हर एक को मदद माँगने के लिए प्रोत्साहित करते हैं। मैनेजर के रूप में मुझे अहसास है कि किसी नए इंजीनियर को हर चीज़ मालूम नहीं हो सकती। बहरहाल, हमारी कंपनी के ज़्यादातर सुपरवाइज़रों के पास इतना समय नहीं होता कि वे उसी सवाल का जवाब दोबारा दें। एक बार जब हम सही रास्ते की ओर संकेत कर देते हैं, तो हम अपने इंजीनियरों से सीखने की उम्मीद करते हैं।

जैसा जैक वेल्च ने अपने *बिज़नेस वीक* कॉलम[19] में ज़िक्र किया था, अगली बार जब आपके पास कोई सवाल हो, तो अपनी कुर्सी से उठ कर जाएँ। ई-मेल न भेजें। इसके बजाय हॉल में उस व्यक्ति के पास जाएँ

और उससे आमने-सामने बातचीत करें। आमने-सामने की बातचीत से संबंध बेहतर बनते हैं। जब सहकर्मियों से हमारी जान-पहचान हो जाती है, तो मदद ज़्यादा आसान होती है। हमें फ़ेसबुक, ट्विटर, स्काइप और ई-मेल के ज़रिये इलैक्ट्रॉनिक संवाद की इतनी लत पड़ चुकी है कि जब हम एक-दूसरे से बात करते हैं और लंच लेते हैं, तब भी हम इनका इस्तेमाल करते रहते हैं।

अपनी तनख़्वाह कमाएँ

यदि घाटा न हो रहा हो, तो ज़्यादातर कंपनियाँ 10 प्रतिशत से कम नेट प्रॉफ़िट मार्जिन कमाती हैं। जब मैं फ़्रिजिडएअर में काम करता था, तो हमारे डिविज़न प्रेज़िडेंट जॉन पैट्रो 6 प्रतिशत शुद्ध मुनाफ़ा सुनिश्चित करने के बारे में चिंतित रहा करते थे। मैं मुनाफ़ा कमाने वाली हर कंपनी की प्रशंसा करता हूँ। हमारी पूरी कोशिशों के बावजूद कई साल ऐसे भी होते हैं, जब हमारा डिविज़न बिलकुल भी मुनाफ़ा नहीं कमा पाया। इसके बावजूद हम अपनी कार्यकुशलता को बेहतर बनाने के लिए पर्सनल कंप्यूटरों में निवेश कर रहे थे।

इंजीनियर होने के नाते मैं हमारे इंजीनियरिंग विभाग को कंप्यूटरीकृत करने के लिए सूचना प्रौद्योगिकी (एम.आई.एस.) समूह के साथ काम करता था। हम अपनी इंजीनियरिंग टीम के लिए आई.बी.एम. पीएस/2 कंप्यूटर ख़रीदा करते थे। कभी-कभार आई.बी.एम. बिक्री प्रोत्साहन अभियान चलाता था, जिसमें हर पर्सनल कंप्यूटर पर 200 डॉलर की मेल-इन रिबेट (ख़रीदने के बाद मिलने वाली छूट) शामिल थी। छूट पाने के लिए कई अतिरिक्त काम करने होते थे, जैसे आई.बी.एम. का रिबेट फ़ॉर्म भरना, बिक्री की रसीद भेजना और आई.बी.एम. पीएस/2 कार्टन से ख़रीदारी का प्रमाण भेजना। अकार्यकुशलता के कारण कई कंपनियाँ मेल-इन रिबेट का दावा पेश नहीं करती थीं।

मैं पूरी मेहनत से 200 डॉलर की छूट के दावे हर बार भेजता था। जब मुझे दूसरे विभाग मिले, जिनमें ख़रीदारी विभाग शामिल था, जो पीसी इंस्टॉल कर रहे थे, तो मैंने पहल करके उन्हें अतिरिक्त छूट का दावा पेश करने में उनकी मदद की। मेरे मैनेजर ने इस बात की सराहना की

कि मैंने प्रो-ऐक्टिव (सक्रिय) तरीक़े से संबंधित विभागों को जानकारी दी, जिससे एक बहुत मुश्किल आर्थिक माहौल में ख़र्च कम करने में मदद मिली। अगर मैंने छूट का दावा नहीं भेजा होता, तो कोई भी ग़ौर या शिकायत नहीं करता। मैंने तो छूट का दावा इसलिए भेज़ा था, क्योंकि मैं अपनी कंपनी की मदद करना चाहता था।

कर्मचारी होने के नाते मैं हमेशा अपने नियोक्ता के सर्वश्रेष्ठ हितों का ध्यान रखता था। मैं हमेशा 'कंपनी का आदमी' था और मैं कंपनी के हित को अपने निजी हित से पहले रखता था। मैं अपने पैसों के प्रति जितना किफ़ायती था, उससे ज़्यादा अपने नियोक्ता के पैसों के बारे में था। देखिए, अगर आपकी कंपनी तरक्की कर रही है, तो अंततः आप भी तरक्की करेंगे।

इतने बरसों में मैं अपने एक आई.आई.टी. जूनियर को अच्छी तरह से जानने लगा। उसने एक बड़े आई.टी. सर्विसेस प्रोवाइडर की नौकरी छोड़कर भारत में एक मँझोली कंपनी में नौकरी शुरू की। उसकी कंपनी ने एक फ़ॉर्च्यून 500 ग्राहक के यहाँ काम करने के लिए 2 प्रॉजेक्ट मैनेजरों और 10 इंजीनियरों को भेजा। वह उन 2 प्रॉजेक्ट मैनेजरों में से एक था, जो ग्राहक के ऑफ़िस में जाकर काम कर रहे थे।

चंद ही महीनों के भीतर मेरे आई.आई.टी. मित्र (पहले प्रॉजेक्ट मैनेजर) ने ग्राहक के प्रॉजेक्ट में महत्त्वपूर्ण योगदान दिया। वह बहुत विचारशील और नियमशील था। उसे सभी पसंद करते थे। कुछ ही महीनों में प्रॉजेक्ट अच्छी तरह चल रहा था और सब कुछ ठीक था।

दूसरा प्रॉजेक्ट मैनेजर (जो आई.आई.टी. का नहीं था) भी बहुत योग्य था। उसकी टीम ने अपना काम पूरा कर लिया और अच्छी तरह किया। परामर्शदाता के रूप में दूसरे प्रॉजेक्ट मैनेजर ने उस फ़ॉर्च्यून 500 कंपनी के प्रमुख लोगों की जानकारी हासिल की। उसने नए प्रॉजेक्ट के अवसर तलाशे। कई सप्लायर इस फ़ॉर्च्यून 500 कंपनी से उसी प्रॉजेक्ट कार्य के लिए प्रतिस्पर्धा कर रहे थे। दूसरे प्रॉजेक्ट मैनेजर ने अपनी सेल्स टीम की मदद करते हुए फ़ॉर्च्यून 500 कंपनी की अंदरूनी राजनीति और प्रतिस्पर्धी गतिविधियों के बारे में समझाया। वह निर्णय लेने वाले मुख्य

लोगों के साथ हर महीने कुछ घंटे प्रो-ऐक्टिव (सक्रिय) तरीक़े से मिला। उसने उन्हें अपनी कंपनी की विशेषज्ञता की जानकारी दी। दूसरे प्रॉजेक्ट मैनेजर की कोशिशों का नतीजा यह हुआ कि अपने प्रॉजेक्ट प्रबंधन के काम को पूरा करने के अलावा उसने बिक्री भी बढ़ा दी।

भारतीय कंपनी के डायरेक्टर ने पहले प्रॉजेक्ट मैनेजर से कहा कि वह अपनी भूमिका का विस्तार करे और फ़ॉर्च्यून 500 ग्राहक से नए प्रॉजेक्ट हासिल करने की अवसरवादिता दिखाए। मेरे आई.आई.टी. वाले मित्र ने इंकार कर दिया। मेरे आई.आई.टी. मित्र ने तर्क दिया कि वरिष्ठ प्रॉजेक्ट मैनेजर के रूप में उससे बेचने या बिक्री बढ़ाने में मदद करने के लिए नहीं कहा जाना चाहिए। इसके बजाय उसने ज़िक्र किया कि चूँकि उसका प्रॉजेक्ट अच्छी तरह चल रहा था, इसलिए उसकी तनख़्वाह बढ़ानी चाहिए।

जब कंपनी ने प्रमोशन के लिए दोनों प्रॉजेक्ट मैनेजर का मूल्यांकन किया, तो उन्होंने मेरे आई.आई.टी. मित्र को प्रमोशन नहीं दिया। इसके बजाय, कंपनी ने दूसरे प्रॉजेक्ट मैनेजर को प्रमोशन दिया, क्योंकि संगठन के प्रति उसका दृष्टिकोण ज़्यादा व्यापक था। उसने फ़ॉर्च्यून 500 ग्राहक के साथ कारोबार बढ़ाने की पहल की थी। मेरा आई.आई.टी. मित्र का मन खट्टा हो गया। उसे महसूस हुआ कि उसके साथ अन्याय हुआ है। अंततः उसने अपने नियोक्ता की नौकरी छोड़ दी और कई महीनों तक बेरोज़गार रहा।

जब मैं कई परामर्शदाताओं के साथ काम करता हूँ, तो मैं पाता हूँ कि अपने काम की भूमिका के प्रति उनका नज़रिया संकीर्ण होता है। कई परामर्शदाता तकनीकी दृष्टि से तो बेहतरीन काम करते हैं, लेकिन नए ग्राहक बनवाने और कारोबार फैलाने में अपने संगठन की मदद नहीं करते हैं।

माइक्रोसॉफ़्ट कॉर्पोरेशन में मेरे आख़िरी काम में मैं माइक्रोसॉफ़्ट एक्सचेंज का प्रॉडक्ट मार्केटिंग मैनेजर था, जो मैसेजिंग और कोलैबरेशन सर्वर था। बाज़ार में एक्सचेंज की हिस्सेदारी कम थी और आई.बी.एम. का लोटस नोट्स तब मार्केट लीडर था। मैं कंप्यूटर उद्योग के कई ट्रेड शो में जाया करता था। ट्रेड शो में मेरे जैसे प्रॉडक्ट मैनेजर एक बूथ पर

एक्सचेंज सॉफ़्टवेअर प्रॉडक्ट की कार्यप्रणाली का प्रदर्शन करते थे (बूथ ड्यूटी)। अपनी बूथ ड्यूटी ख़त्म करने के बाद मैं लोटस नोट्स वाले बूथ में जाता था। मैंने लोटस के बूथ पर पोस्टकार्ड भरे, जिससे मैं उनके संभावित ग्राहकों के डाटाबेस में शामिल हो गया। फलस्वरूप मुझे लोटस नोट्स प्रॉडक्ट सूचना और प्रचार संबंधी प्रस्ताव आई.बी.एम. द्वारा नियमित रूप से डाक से मिलते रहे।

जब मैं माइक्रोसॉफ़्ट प्रॉडक्ट मैनेजर के रूप में काम कर रहा था, तो मुझे आई.बी.एम. से आधे दिन के लोटस नोट्स सेमिनार में शामिल होने का आमंत्रण मिला। प्रतिस्पर्धी प्रॉडक्ट और आई.बी.एम. संबंधी ज्ञान बढ़ाने के लिए मैं सेमिनार में गया। सेमिनार के बाद मैंने लोटस नोट्स प्रॉडक्ट की विशेषताओं और मार्केट पोज़ीशनिंग के बारे में अपनी मार्केटिंग टीम को एक संक्षिप्त ई-मेल रिपोर्ट भेजी। उसमें कितने लोग आए थे? कौन-सा प्रॉडक्ट प्रदर्शित किया गया था? अगर आई.बी.एम. ने मेरे प्रॉडक्ट एक्सचेंज पर बातचीत की थी, तो उन्होंने इसे कैसे पेश किया था?

उस दिन 47 लोगों ने आई.बी.एम. के सेमिनार में हिस्सा लिया था। अंत में आई.बी.एम. ने आई.बी.एम. थिंकपैड लैपटॉप के लिए ड्रॉ निकाला। क़िस्मत की बात, वह लैपटॉप लॉटरी मैं जीत गया। कुछ सप्ताह बाद मुझे आई.बी.एम. ने लैपटॉप भेज दिया। चूँकि मेरे पास पहले से ही लैपटॉप था, इसलिए मैंने लैपटॉप ई-बे पर बेच दिया। फिर मैंने उस बिक्री से मिला पैसा भारत के एक स्कूल को दान दे दिया। ग्रामीण भारत के स्कूल की मदद करके मुझे सचमुच अच्छा महसूस हुआ - एक ऐसी भावना, जिससे मैं वंचित रह जाता, अगर मैंने अतिरिक्त श्रम न किया होता।

आई.बी.एम. सेमिनार में जाना मेरी नौकरी का हिस्सा नहीं था, न ही प्रतिस्पर्धा के बारे में रिपोर्ट भेजना था। दरअसल, बहुत कम कर्मचारी अपनी कंपनी के प्रतिस्पर्धी परिदृश्य के बारे में सीखने की अतिरिक्त मेहनत करते हैं।

हमारी कंपनी में हर कर्मचारी की भूमिका यह नहीं होती कि वह ग्राहक के सामने जाए। इसी तरह हर कर्मचारी अपनी भूमिका के बारे में ज़्यादा व्यापक दृष्टिकोण भी नहीं रखता है। बहरहाल, नौकरी की भूमिकाओं

और स्थितियों के तीन अलग-अलग उदाहरण देकर मैंने दिखा दिया है कि हम सभी कंपनी के लिए पैसे बचा सकते हैं या इसकी बिक्री बढ़ा सकते हैं। हम अपनी तनख़्वाह कमाने में कंपनी की मदद कर सकते हैं।

मुझसे अक्सर पूछा जाता है, 'मैं सिर्फ़ एक जूनियर इंजीनियर हूँ। मैं कैसे मदद कर सकता हूँ?' नए इंजीनियर नौकरी के बारे में अपनी भूमिका के दृष्टिकोण का विस्तार कैसे करें? यहाँ कुछ आदतें दी जा रही हैं, जो मैंने अपनी कंपनी के उपायकुशल लोगों में देखी हैं :

- कंपनी को योग्य उम्मीदवारों के नाम सुझाएँ। हर कंपनी को बेहतरीन कर्मचारियों की ज़रूरत होती है। हालाँकि मैंने कभी एच.आर. विभाग में काम नहीं किया, लेकिन पिछली कंपनी में मैंने कई लोगों की नियुक्ति में योगदान दिया था। मेरे द्वारा अनुशंसित कई लोग आज उस कंपनी में बहुत अच्छा प्रदर्शन कर रहे हैं, हालाँकि मैं वह कंपनी छोड़ चुका हूँ
- दूसरे उद्योगों (केवल आई.टी. उद्योग नहीं) के मित्रों से प्राप्त लागत कम करने के विचार अपनी कंपनी में बताएँ
- नियुक्ति करने वाले टीम की अपने कैम्पस प्रोफ़ेसरों से जुड़ने में मदद करें
- अपने कॉलेज के पूर्व-छात्र होने के नाते कैंपस प्रस्तुतियाँ दें। स्काइप और गूगल हैंगआउट के साथ हमें प्रस्तुति देने के लिए अपनी डेस्क छोड़ने की भी ज़रूरत नहीं होती
- फ़ेसबुक, ट्विटर और लिंक्डइन पर अपने नियोक्ता के पेज को लाइक करें। कई नियोक्ता लाइक्स बढ़ाने के लिए फ़ेसबुक पर विज्ञापन देते हैं। मैं अपने हिस्से का योगदान देता हूँ और हमारे सभी ग्राहकों तथा मुख्य सप्लायरों को फ़ेसबुक पर लाइक करता हूँ। फ़ेसबुक पर किसी कंपनी के पेज को लाइक करने में मेरा कुछ ख़र्च नहीं होता। अपने लाइक से मैं अपने मुख्य ग्राहकों और मुख्य सप्लायरों को आगे बढ़ाता हूँ। इस तरह मैं ज़्यादा कोशिश किए बिना अपनी कृतज्ञता दिखाता हूँ।

प्राथमिकता तय करें

जब मैं कॉलेज में था, तो सभी कक्षाएँ मेरे लिए समान महत्त्व की थीं। मेरी सभी कक्षाएँ मुझे तीन क्रेडिट देती थीं और स्नातक होने के लिए मुझे हर सेमेस्टर में पाँच कक्षाएँ (15 क्रेडिट्स) लेनी होती थीं।

विश्वविद्यालय की कक्षाओं के विपरीत ज़िंदगी और कारोबार में हर चीज़ समान नहीं होती। सभी ई-मेल मैसेज समान रूप से महत्त्वपूर्ण नहीं होते; न ही सभी लोग, सभी फ़ोन कॉल या सभी मीटिंग समान रूप से महत्त्वपूर्ण होती हैं। हमारे संदर्भ में महत्त्व का क्रम ग्राहक से मैनेजर से सहकर्मी से अधीनस्थ तक जाता है।

जब मेरे पास किसी ग्राहक का फ़ोन आता है, तो मैं हर चीज़ छोड़कर वह फ़ोन सुनता हूँ। संभवतः ग्राहक को किसी अति महत्त्वपूर्ण मुद्दे पर बात करनी है, उसके पास समय की कमी है या उसे कोई चीज़ चाहिए। मैं ग्राहक की आवश्यकतानुसार अपनी प्राथमिकताएँ बदल लेता हूँ। इसी तरह, सामान्य सामाजिक चर्चा के बजाय मैनेजर या अधीनस्थों के फ़ोन कॉल प्राथमिक बन जाती हैं।

जब मैं नए इंजीनियरों के साथ बातचीत करता हूँ और अगर उनके मोबाइल फ़ोन की घंटी बजती है, तो वे प्रायः हमारी बातचीत को रोक देते हैं और व्यक्तिगत फ़ोन को सुनने लगते हैं। लेकिन प्राथमिकता मैं था; मैं उस फ़ोन कॉल के आने से पहले इंजीनियर से बात कर रहा था। संगठनात्मक महत्त्व का क्रम जाने दें, अगर हम पहले आएँ, पहले पाएँ के आधार पर फ़ोन कॉल को लें, तब भी प्राथमिकता तो मुझे ही मिलनी चाहिए थी।

अपने करियर में मैंने ऐसे कई कामों के लिए हाँ की, जो दूसरे नहीं लेना चाहते थे। देखिए, हममें से ज़्यादातर वही करना चाहते हैं, जो दूसरा हर कोई कर रहा है। अगर आप वही करते हैं, जो हर दूसरा व्यक्ति कर रहा है, तो इस नीति के साथ समस्या यह है कि आप औसत ही बने रहते हैं। औसत से ऊपर जाने के लिए मुझे ऐसी चीज़ें खोजनी और करनी थीं, जो बहुत कम लोग करना चाहते थे।

हममें से कइयों के मित्र हम जितने ही बुद्धिमान होते हैं, लेकिन

इसके बावजूद वे इंजीनियरिंग कॉलेज में नहीं पहुँच पाते। क्यों? क्योंकि वे उतना अध्ययन नहीं करना चाहते थे, जितना हम करते थे। वही पुस्तकें, वही शिक्षक और वही सामग्री उनके पास भी थी, लेकिन हमने रुचि के साथ पढ़ने में समय दिया। एक बार फिर बताना चाहूँगा, औसत से ऊपर बनने के लिए हमें वे चीज़ें करनी होती हैं, जो दूसरे नहीं करना चाहते।

मैं हर दिन कोई नई चीज़ सीखने की कोशिश करता हूँ। इस मामले में मैं पुस्तकों और इंटरनेट का सहारा लेता हूँ। अतीत में मैं किसी मनचाहे वक्ता की बातें तब तक नहीं सुन सकता था, जब तक कि उसके व्याख्यान वाले सम्मेलन में न जाऊँ। अब इंटरनेट सबको समानता का अवसर प्रदान करता है, इसलिए वही वक्ता और सम्मेलन अब मेरे लिए कम से कम 90 प्रतिशत प्रभावकारिता के साथ उपलब्ध हैं। टाइम ज़ोन और जगह या दूरी का अब कोई बंधन नहीं है। मैं किसी वक्ता के ज़्यादातर संदेश को ग्रहण कर सकता हूँ, और इसमें मुझे पहले की तुलना में 1 प्रतिशत भी प्रयास नहीं करना होता है। इसके अलावा इनमें से कई शैक्षणिक संसाधन मुफ़्त हैं।

मैं हर सप्ताह लगभग 7 घंटे अपनी कार में गुज़ारता हूँ। इन 7 में से 3 घंटों में मैं शैक्षणिक पॉडकास्ट और सीडी पर तकनीकी वार्ता सुनता हूँ। ट्रैफ़िक के बारे में शिकायत करने के बजाय मैं सीखने में अपने समय का उपयोग करता हूँ। कुछ समय के अंतराल से मैं उसी सी.डी. को दोबारा सुनता हूँ और हर बार मैं कुछ नया सीखता हूँ। वे मेरे लिए नए विचारों और ज्ञान के बेहतरीन स्त्रोत हैं।

हम सभी अलग-अलग तरीक़े से काम करते हैं। पूरी तरह उत्पादक होने के लिए मुझे एकाग्र समय की जरूरत होती है। मैं जानता हूँ कि मैं धीमा हूँ और प्रॉजेक्ट पूरे करने में मुझे ज़्यादा समय लगता है। इसीलिए लगभग 25 साल से मैं कई घंटों के लिए वीकएंड्स पर नियम से ऑफ़िस जा रहा हूँ। उन घंटों में मेरा ध्यान भटकाने वाला कोई नहीं होता है और मैं अपने खुद के कई काम पूरे कर लेता हूँ। आम तौर पर, सोमवार सुबह मेरे सहकर्मियों को मेरे बहुत-से नए ई-मेल मिलते हैं, क्योंकि मैं वीकएंड पर सोच-विचार करके उन्हें ई-मेल भेजता हूँ। मैं जानकारी इकट्ठी करता

हूँ और काम संबंधी मुद्दों की समीक्षा करता हूँ, ताकि यह पता लगा सकूँ कि हम उस जानकारी का उपयोग कंपनी के विकास के लिए कैसे कर सकते हैं।

मेरी एक सरल तकनीक है। मैं आसान काम सबसे पहले पूरे करता हूँ। आसान काम करते वक़्त मैं पृष्ठभूमि में उन ज़्यादा जटिल चीजों के बारे में सोच रहा हूँ, जो मुझे करनी हैं। मैं मुश्किल समस्याओं के संदर्भ और वैकल्पिक नीतियों के बारे में सीख रहा हूँ। मैं ज़्यादा जटिल कामों के लिए अभ्यास कर रहा हूँ।[20]

साथियों के दबाव से बचें

'साथियों के दबाव से बचना' ही वह *एकमात्र* सलाह थी, जो मैंने अपने बेटे को हाई स्कूल में दाख़िल होते वक़्त दी थी। हम अपने मित्रों से अच्छे व्यवहार जितनी तेज़ी से सीखते हैं, उससे कहीं तेज़ी से बुरे व्यवहार सीखते हैं। द *वॉल स्ट्रीट जर्नल* में जून 2013 में प्रकाशित एक लेख में बताया गया है कि वैज्ञानिकों के अनुसार वयस्कों की तुलना में किशोर वय के लोग अपने साथियों के दबाव के प्रति ज़्यादा संवेदनशील होते हैं।[21] किशोरों को उन व्यवहारों से ज़्यादा खुशी मिलती है, जिन्हें वे पुरस्कारदायक मानते हैं। किशोरों को इससे बहुत संतुष्टि मिलती है कि दूसरे लोग उन्हें पसंद करें।

हालाँकि साथियों का दबाव सभी बच्चों पर असर डालता है, लेकिन ख़तरनाक, 'बुरे' व्यवहार (जैसे शराब पीना, तेज़ गति से गाड़ी चलाना) ज़्यादा लोकप्रियता दिलाने वाले समझे जाते हैं। जो बच्चे कम लोकप्रिय होते हैं या जिनमें कम आत्मसम्मान होता है, वे साथियों से ज़्यादा आसानी से प्रभावित हो जाते हैं। अच्छी तरह पढ़ने जैसे अच्छे व्यवहारों के लिए साथियों का प्रभाव उतना कारगर नहीं होता।

हममें से ज़्यादातर लोग साथियों के दबाव की गिरफ़्त में आ जाते हैं। हालाँकि ख़रीदारी करते समय 'जनप्रिय चीज़ों' को देखने से लाभ होता है, लेकिन मैंने पाया है कि ज़्यादातर लोग वही करते हैं, जो हर दूसरा व्यक्ति कर रहा है। इसका नतीजा यह होता है कि हम अंत में औसत

बनकर रह जाते हैं। हम किसी ख़ास नौकरी के लिए इसलिए आवेदन करते हैं, क्योंकि हर कोई इसके लिए आवेदन कर रहा है। इसी वजह से हम लोकप्रिय नौकरियों को स्वीकार कर लेते हैं।

मिसाल के तौर पर, 5 साल पहले भारत में रिटेल उद्योग बहुत लोकप्रिय था। हर कोई रिटेल उद्योग में जाना चाहता था, क्योंकि यही वह उद्योग था, जो नियुक्तियाँ दे रहा था। जब मैंने रिटेल उद्योग के वेतन और नौकरियों के विवरण देखे, तो मैंने सोचा, *यह क़ायम नहीं रह सकता। इन कंपनियों के इतने प्रॉफ़िट मार्जिन या ग्राहक नहीं हैं कि वे अपने व्यय के स्तर को बरक़रार रख सकें।* कुछ समय बाद वेतन कम हो गए। यही एयरलाइन उद्योग में हुआ। अच्छे दौर हमेशा नहीं चलते।

करियर चुनते समय मुझे पूरे उद्योग के अर्थशास्त्र का अध्ययन करना उपयोगी लगता है। कुछ उद्योग पूँजी प्रधान होते हैं (जैसे इन्टेल के निर्माण कारखाने और फ़ोर्ड कारखाने), जबकि बाक़ी ज्ञान-कर्मी प्रधान होते हैं (जैसे इन्फ़ोसिस, अपोलो हॉस्पिटल्स)। कुछ उद्योगों में ज्ञान-कर्म और नवाचार को पूँजी निवेश से ज़्यादा महत्त्व दिया जाता है। जब मेरे पास विकल्प था, तो मैंने उन क्षेत्रों में रहने का चुनाव किया, जहाँ मैं अपनी योग्यताओं का अधिकतम इस्तेमाल कर सकूँ। मैं उस कंपनी और उद्योग में शामिल हुआ, जहाँ मुझे चुनौती मिलती थी।

इतने बरसों में मैंने साथियों के दबाव से बचने के लिए कड़ी मेहनत की है। मैं नवीनतम कारों, महँगे डिज़ाइनर कपड़ों, फ़ैशनेबल रेस्तराँओं या बारों में पैसे ख़र्च करने के साथियों के दबाव से बचा हूँ। अगर मुझे कोई चीज़ आरामदेह नहीं लगती थी, तो मुझमें उससे दूर जाने का साहस था। यदि सही महसूस नहीं होता था, तो मैं आमंत्रण को अस्वीकार कर देता या सामाजिक दबाव के बावजूद जल्दी लौट आता था।

छुट्टियों का प्रबंधन करें

प्रबंधन के संसार में दो तरह की छुट्टियाँ होती हैं : योजनाबद्ध छुट्टियाँ और अनियोजित छुट्टियाँ। भारत में ज़्यादातर कंपनियाँ 4 सप्ताह (20 दिन) से ज़्यादा सवैतनिक अवकाश देती हैं, जिनमें बीमारी की छुट्टियाँ,

संस्थापक दिवस और आकस्मिक अवकाश शामिल होते हैं। इसके अलावा, कई कंपनियाँ राष्ट्रीय और क्षेत्रीय अवकाशों के दिन भी सवैतनिक अवकाश देती हैं।

हालाँकि यह सच है कि आपको अपनी छुट्टियों के उपयोग का अधिकार है, लेकिन यह भी ध्यान रखें कि अनियोजित छुट्टियाँ आपकी टीम और ग्राहकों के लिए बाधक होती हैं। यदि आप अपनी छुट्टियों की योजना पहले से बना लेते हैं, तो टीम आपकी अनुपस्थिति के लिए खुद को तैयार कर सकती है। किसी तेज़ गति वाले उद्योग में तेज़ गति वाली टीम के सदस्यों की अनियोजित अनुपस्थितियों से भारी मुश्किल खड़ी हो सकती है। यदि आप कई अनियोजित छुट्टियाँ लेते हैं (जैसे आप हर दूसरे सप्ताह अनुपस्थित रहते हैं), तो आसार इस बात के हैं कि आप कंपनी में तरक्की नहीं कर पाएँगे। यदि मुझे यह भरोसा नहीं होगा कि कोई नियमित रूप से उपस्थित रहेगा, तो मैं उस व्यक्ति को अति महत्त्वपूर्ण काम सौंपने से पहले दो बार सोचूँगा।

जब मैंने अपने करियर में प्रगति की, तो कारोबार और प्रतिस्पर्धा की गति बढ़ने के कारण मैं अपने सारे अर्जित अवकाशों को लेने की योजना भी नहीं बना सकता था। मेरा अनुभव बहुत-से उद्योगों के कई दूसरे वरिष्ठ मैनेजरों के समान है। ये वरिष्ठ मैनेजर चाहे किसी भी टाइम ज़ोन में हों, अपने ऑफ़िस के संपर्क में रहते हैं। मुझे अहसास था कि यदि मैं अपने सहकर्मियों से ज़्यादा तेजी से विकास करना चाहता हूँ, तो मैं साल में 5 सप्ताह ऑफ़िस से दूर नहीं रह सकता।

मैं अपनी कंपनी के हर व्यक्ति को सलाह देता हूँ कि वह अपनी ऊर्जा को तरोताज़ा करने, शादियों में जाने और सामाजिक समारोहों के लिए साल में 2 सप्ताह की नियोजित छुट्टी की योजना बनाए। स्वास्थ्य या पारिवारिक आपात स्थितियों के लिए हर महीने एक अनियोजित छुट्टी का प्रावधान रखें। व्यक्तिगत आपात स्थितियों के लिए हर साल कुछ दिन बचाएँ, हालाँकि मुझे उम्मीद है कि ये आपको कभी नहीं लेनी पड़ेंगी।

छुट्टियों की योजना 3-6 महीने पहले बनाएँ

आई.आई.टी. जैसी बेहतरीन संस्थाएँ इतनी सफल हैं, इसका एक कारण यह है कि वे पूरे साल का अपना शैक्षणिक कैलेंडर पहले से ही प्रकाशित कर देती हैं। एक बार प्रकाशित होने के बाद कैलेंडर नहीं बदलता है। इसी वजह से हज़ारों विद्यार्थी अपनी यात्रा, अपनी छुट्टियों और पारिवारिक कार्यक्रमों की योजना पहले से बना सकते हैं। इसका उदाहरण देखें। आई.आई.टी. खड़गपुर में मेरे अंतिम वर्ष में मैस कर्मचारी यूनियन का आई.आई.टी. प्रशासन के साथ श्रम विवाद चल रहा था। चूँकि खड़गपुर एक छोटा कस्बा था, इसलिए सभी विद्यार्थी मैस कर्मचारियों द्वारा चलाए जा रहे हॉस्टल कैंटीन में खाते थे। अपनी माँगें पूरी कराने का दबाव डालने के लिए मैस कर्मचारियों ने अप्रैल 1986 में अंतिम सेमेस्टर परीक्षाओं के दौरान हड़ताल करने का फ़ैसला किया। मैस कर्मचारियों की हड़ताल आम तौर पर संस्थान को पंगु बना देती, क्योंकि ज़्यादातर विद्यार्थियों को या तो भोजन तलाशने में बहुत समय बिताना पड़ता या फिर वे घर लौट जाते। परीक्षाओं और आई.आई.टी. शेड्यूल में विलंब होता। उस वक्त रूसी मोदी आई.आई.टी. खड़गपुर के बोर्ड ऑफ़ गवर्नर्स के चेयरमैन थे। उन्होंने अंतिम वर्ष के विद्यार्थियों के परीक्षा कार्यक्रम को यथावत रखने का निर्णय लिया। रूसी मोदी ने परीक्षाओं के दौरान जमशेदपुर के फ़ूड सप्लायरों से लंच बॉक्स मँगवा लिए। यह इस बात का बेहतरीन उदाहरण है कि आई.आई.टी. सिस्टम अपने कैलेंडर के बारे में कितना दृढ़ रहता है।

लगभग सभी विश्वविद्यालय अपने कैलेंडर पहले से प्रकाशित करते हैं। दुर्भाग्य से, भारत के कई विश्वविद्यालय अपने कैलेंडर पर अमल नहीं करते हैं और नियमित रूप से अपनी परीक्षाओं में विलंब करते हैं।

आई.आई.टी. खड़गपुर में भी दीक्षान्त समारोह जैसे कुछ कार्यक्रम निश्चित नहीं होते थे। वे हर साल बदलते रहते थे, शायद मुख्य वक्ता को स्वतंत्रता देने के लिए। विश्वविद्यालय द्वारा ऐन मौक़े पर कार्यक्रम तय किए जाने की वजह से मेरे जैसे कई स्नातक अपने दीक्षान्त समारोह में नहीं जा पाते थे (अमेरिकी विश्वविद्यालयों के विपरीत, जहाँ यह अंतिम परीक्षाओं के बाद वीकएंड पर होता है)।

सालाना कैलेंडर प्रकाशित करने की आदत सभी बेहतरीन तंत्रों में आम है, जिनमें कंपनियाँ, धर्म और यहाँ तक कि देश भी शामिल हैं। ज़रा कल्पना करें, अगर भारत का स्वतंत्रता दिवस हर साल बदल जाए, तो कितनी अव्यवस्था फैल जाएगी।

जब मैं अपने साल की योजना बना रहा होता हूँ, तो मैं यह देखने की कोशिश करता हूँ कि मैं कंपनी में प्रमुख सीखने के अवसरों का लाभ कैसे उठा सकता हूँ। ज़्यादातर कंपनियाँ अपना प्रशिक्षण कार्यक्रम सिर्फ़ इसलिए नहीं बदलती हैं, क्योंकि कुछ लोग उसमें नहीं आ सकते। त्यौहार की तारीख़ की तरह ही हमारे प्रशिक्षण की तारीख़ें भी नहीं बदलती हैं। कैलेंडर की समीक्षा करके हम यह चुनाव करते हैं कि क्या हम इन प्रशिक्षण कार्यक्रमों में जाकर सीखना और विकास करना चाहते हैं।

राष्ट्रीय अवकाशों और व्यक्तिगत छुट्टियों को मिलाकर मैं अपनी यात्रा की योजना बनाता हूँ और कई अन्य मीटिंग तथा रुचियों का तालमेल भी बैठाता हूँ। अगर पहले से योजना बनी हो, तो मेरे लिए यात्रा करना ज़्यादा आसान और कम महँगा होता है।

यात्रा का प्रबंधन करें

हममें से कुछ लोग बड़े शहरों में नौकरी करते हैं, जबकि हमारे परिवार के सदस्य पड़ोसी शहरों में रहते हैं। हम पाते हैं कि कई इंजीनियर वीकएंड पर - हर वीकएंड पर - अपने गृहनगर जाते हैं। फिर वे रात वाली बस पकड़ते हैं और सोमवार सुबह 11 बजे ऑफ़िस पहुँचने की हड़बड़ी में रहते हैं।

यदि वे वरिष्ठता के पद पर पहुँचना चाहते हैं, तो वे लंबे समय तक इस आदत को क़ायम नहीं रख पाएँगे। हर सप्ताह यात्रा करने की वजह से उनकी नींद कम हो पाती है और यह कमी मानव शरीर पर बहुत दबाव डालती है। जिन लोगों को मैंने ऐसा करते देखा है, उनमें से ज़्यादातर के स्वास्थ्य पर बुरा असर पड़ा, जिससे काम में उनका प्रदर्शन प्रभावित हुआ।

3 दिन के वीकएंड की योजना पहले से बनाकर कई इंजीनियर आसानी से अपने गृहनगर में अपने परिवार और मित्रों के साथ पूरे 2 दिन बिता

सकते हैं। शुक्रवार रात को यात्रा करके वे शनिवार सुबह घर पहुँच सकते हैं और फिर वे पूरा शनिवार तथा रविवार अपने परिवार या मित्रों के साथ बिता सकते हैं। सोमवार की शाम को अपनी नौकरी के शहर लौटकर इंजीनियर मंगलवार को तरोताज़ा होकर और अच्छी तरह आराम करने के बाद काम पर आ सकते हैं।

हमारी कंपनी के कैलेंडर की योजना करते समय हम 3 दिन के वीकएंड अवसरों को अधिकतम करते हैं। हमारा कैलेंडर अमेरिकी कैलेंडर के समान होता है, जिसमें सोमवार को कई छुट्टियाँ होती हैं (जैसे मेमोरियल डे, लेबर डे)।

मिसाल के तौर पर, साल में दो बार मैं नई दिल्ली रेलवे स्टेशन से रात को 10 बजे चलने वाली लखनऊ मेल पकड़ता हूँ और सुबह 4.20 पर शाहजहाँपुर के अपने गृहनगर पहुँच जाता हूँ। मैं रविवार रात को वापसी की यात्रा करता हूँ और डेली मेल द्वारा आधी रात के करीब शाहजहाँपुर से निकलता हूँ तथा 7 बजे सुबह दिल्ली पहुँच जाता हूँ। पिछले 14 सालों में मैंने नई दिल्ली से 25 से अधिक बार अपने गृहनगर की यात्रा की है, हर बार ट्रेन से। कई लोगों को कार से यात्रा करना ज़्यादा लचीला और आनंददायक महसूस होता है। असुविधाजनक समय और ट्रेन देर से आने के बावजूद मैं हर बार ट्रेन से ही यात्रा करता हूँ। इस तरह मैं सुरक्षित रहने की अपनी संभावना को बेहतर बना रहा हूँ, क्योंकि ट्रेन यात्रा कार से यात्रा करने की तुलना में ज़्यादा सुरक्षित होती है।

पहले मैं घर पर इंतज़ार करता रहता था और फिर आख़िरी मिनट पर रेलवे स्टेशन या हवाई अड्डे पहुँचने की हड़बड़ी में रहता था। अब ट्रेनें और एयरलाइन्स ज़्यादा समयबद्ध और व्यवस्थित हो चुकी हैं। अगर मुझे पहुँचने में देर होती है, तो मैं ट्रेन या फ़्लाइट चूक जाता हूँ।

अब मैं ट्रेन या फ़्लाइट पकड़ने की हड़बड़ी के आख़िरी मिनट के तनाव से बचता हूँ। हमेशा यह होता है कि जिस दिन मुझे देर हो रही होती है, उसी दिन ट्रैफ़िक ज़्यादा ख़राब होता है। टैक्सी ड्राइवर को टैक्सी में पेट्रोल भरवाने के लिए रुकना होता है। हड़बड़ी की वजह से ड्राइवर भी तनाव में रहता है और उसके ग़लतियाँ करने की संभावना होती है।

वह किसी को टक्कर मार सकता है या ग़लत मोड़ मुड़ सकता है, जिससे और देर हो जाएगी। जब मेरे पास अतिरिक्त समय होता है, तो मैं इन छुटपुट चिढ़ाने वाली बातों पर शायद ही कभी ग़ौर करता हूँ। अब मैं अपने परिवार के सदस्यों को बता देता हूँ कि हवाई अड्डे पहुँचने में देर होने पर मैं तनाव में आ जाता हूँ। मैं विनम्रता लेकिन दृढ़ता से बता देता हूँ कि मैं जल्दी निकलना पसंद करूँगा।

हवाई अड्डे पर इंतज़ार करना मेरे लिए उबाऊ काम होता है। लेकिन इसके बावजूद मैं तनाव से बचना और जल्दी हवाई अड्डे पहुँचना ज़्यादा पसंद करता हूँ। मैं अनुमानित समय से आधा घंटे पहले ही घर से निकल लेता हूँ।

मैं वीकएंड पर आराम करना पसंद करता हूँ। सोने के अलावा, मैं अपने छुटपुट और व्यक्तिगत काम निबटाता हूँ, फ़ोन कॉल करता हूँ और आने वाले सप्ताह के लिए ख़ुद को तैयार करता हूँ। ज़्यादातर कंपनियों के वरिष्ठ मैनेजर, जिनमें मैं भी शामिल हूँ, रविवार रात का उपयोग अपने अधूरे काम निबटाने और सोमवार की तैयारी के लिए करते हैं। मैं रविवार रात को सामाजिक डिनर लेने और फ़िल्म देखने जाने से बचता हूँ, ताकि जल्दी सो जाऊँ। मैं आने वाले सप्ताह के लिए पूरी तरह आराम कर लेता हूँ।

अँग्रेजी भाषा की योग्यताओं को बेहतर बनाएँ

इतने बरसों में मैंने भारत में कई इंजीनियरों का इंटरव्यू लिया है और उनके साथ काम किया है। तकनीकी ज्ञान और कड़ी मेहनत के बावजूद कई इंजीनियर अँग्रेजी के कम शब्द भंडार और कमज़ोर व्याकरण की वजह से अपनी पूर्ण संभावना तक नहीं पहुँच पाए। हम उनमें से कई का प्रमोशन ज़्यादा बड़ी भूमिकाओं में नहीं कर सकते थे, क्योंकि वे व्याकरण की दृष्टि से सही अँग्रेजी बोल या लिख नहीं सकते थे। उनमें से कुछ की संवाद योग्यताएँ उनकी मातृभाषा में बहुत अच्छी थीं। बहरहाल, अँग्रेजी एक चुनौती है।

लोगों का आकलन करते समय मैं पूरी कोशिश करता हूँ कि अँग्रेजी

की महारत और बुद्धि तथा तकनीकी योग्यता को मिलाकर न देखूँ। फिर भी, जब मुझे अँग्रेजी भाषा की कमज़ोर पकड़ वाला कोई व्यक्ति मिलता है, तो इससे उसके प्रति मेरी राय प्रभावित होती है।

1970 के दशक के अंत में जब मैं शाहजहाँपुर, उत्तरप्रदेश में बड़ा हो रहा था, तो हमारे यहाँ एक ही अँग्रेजी मीडियम स्कूल था (जो एक अमेरिकी मिशनरी द्वारा चलाया जाता था)। यह हमारे घर से काफ़ी दूर था। चूँकि रिक्शा व्यवस्था अविश्वसनीय थी और कोई स्कूल बस नहीं थी, इसलिए मैं नज़दीक के स्थानीय सरकारी इंटरमीडिएट कॉलेज (जी.आई.सी.) में पढ़ता था, जहाँ कक्षाएँ हिंदी में होती थीं। मैं अपने छोटे भाइयों के साथ साइकल से स्कूल जा सकता था।

1980 के दशक की शुरुआत में आई.आई.टी. जॉइंट एंट्रेंस इग्ज़ामिनेशन (जे.ई.ई.) सिर्फ़ अँग्रेजी में ही होता था। मेरे पास भौतिकी और रसायन शास्त्र की उत्कृष्ट पुस्तकें थीं, लेकिन वे हिंदी में थीं। आई.आई.टी. जे.ई.ई. में पास होने के लिए मुझे अपनी अँग्रेजी सुधारने की जरूरत थी। मैं कई आम अँग्रेजी शब्दों का सही उच्चारण नहीं जानता था। खुद को बेहतर बनाने के लिए मैं रात को 8.40 पर हिंदी में ऑल इंडिया रेडियो की न्यूज़ सुनता था। रात को 9 बजे न्यूज़ अँग्रेजी में दोहराई जाती थी, जिससे मुझे अपनी अँग्रेजी के शब्द भंडार को बढ़ाने और उच्चारण सीखने में मदद मिली।

जब मैं बड़ा हो रहा था, तो इंदिरा गाँधी ने 1975 में लगभग दो सालों के लिए आपातकाल लागू कर दिया। सभी अख़बारों और रेडियो स्टेशनों पर सेंसरशिप लागू हो गई। सच्ची ख़बरें जानने के लिए हमारे परिवार के एक मित्र ने रेडियो फ्रीक्वेंसी बताई (जो मेरे ख़्याल से सिंगल बैंड रेडियो पर 213 थी), जिस पर ब्रिटिश ब्रॉडकास्टिंग कॉर्पोरेशन (बी.बी.सी.) विश्व समाचार प्रसारित करती थी। बी.बी.सी. वर्ल्ड न्यूज़ में हर दिन रात को 8.10 पर अँग्रेजी में भारत की ख़बरें सुनाई जाती थीं। बिजली की अविश्वसनीयता को देखते हुए ज़्यादातर घरों में बैटरी से चलने वाले छोटे रेडियो होते थे। इसका उपयोग करते हुए हम भारत के बारे में बिना सेंसर की हुई ख़बरें सुनने के लिए बी.बी.सी. के रेडियो स्टेशन को चला देते थे। बी.बी.

सी. वर्ल्ड न्यूज़ मेरे लिए बोली गई अँग्रेजी का एक और स्त्रोत बन गई।

अँग्रेजी टीवी प्रोग्रामिंग में बेहतरियों के साथ यह संभव है कि क्लोज़ कैप्शनिंग (स्क्रीन टेक्स्ट) का विकल्प चालू कर दिया जाए, ताकि हम अपरिचित शब्दों को समझ सकें।

हिंदीभाषी क्षेत्रों में जैसा आम है, मेरे इलाके की पुस्तकों की दुकानों में अँग्रेजी में कोई पुस्तकें नहीं होती थीं। इंटरनेट-पूर्व के उन दिनों में कोई बुक कैटलॉग (पुस्तक सूची) नहीं था, इसलिए मैं अँग्रेजी में ख़रीदने के लिए पुस्तकें नहीं चुन सकता था। हमारे यहाँ *हिंदुस्तान टाइम्स* अखबार और एक ऑक्सफ़ोर्ड डिक्शनरी थी, जिसने मेरी अँग्रेजी को बेहतर बनाने में मदद की। लेकिन मुझे अब भी बहुत कुछ सीखना था, जैसा मुझे बाद में पता चला।

जब मैंने आयोवा स्टेट युनिवर्सिटी के मास्टर्स इंजीनियरिंग प्रोग्राम में दाख़िला लिया, तो मैं टीचिंग असिस्टेंट (टी.ए.) था, जिसे द्वितीय वर्ष के इंजीनियरिंग विद्यार्थियों को स्टैटिक्स 274 पढ़ाने का काम सौंपा गया। दाख़िले की प्रक्रिया में मैंने अपेक्षित परीक्षाएँ पास कर ली थीं, जिनमें जी.आर.ई. और टोफ़ेल शामिल थे। शिक्षण को बेहतर बनाने के लिए आयोवा स्टेट युनिवर्सिटी ने एक नई नीति अपनाई थी, जिनमें सभी टी.ए. के लिए आवश्यक था कि वे अँग्रेजी बोलने की योग्यताओं का आकलन करने के लिए एक परीक्षा पास करें। मैंने आई.आई.टी. में कई सालों तक अँग्रेजी में पढ़ाई की थी, इसलिए मुझे काफ़ी विश्वास था कि मैं यह परीक्षा पास कर लूँगा। बहरहाल, जब परिणाम आए, तो मैं भारत का इकलौता टी.ए. था, जो परीक्षा में पास नहीं हो पाया। आयोवा स्टेट युनिवर्सिटी ने ज़ोर देकर अनुशंसा की कि मैं एक मौखिक भाषा शिक्षक के मार्गदर्शन में अपनी स्थिति सुधारूँ, जिससे मुझे बेहतर अँग्रेजी बोलने में मदद मिले। यह मेरे टी.ए. वाले काम को बनाए रखने की शर्त थी, जो मेरे शिक्षण शुल्क और मासिक वृत्ति के पैसे देता था।

टेस्ट के परिणाम मेरे आत्मसम्मान के लिए झटका थे। शुरू में तो मैंने यह मानने से ही इंकार कर दिया कि परिणाम निष्पक्ष थे। मैंने अपनी शिक्षका को बता दिया कि मुझे कक्षा में बने रहने का कोई अधिकार नहीं

है। मेरे विवाद के बावजूद वे इतनी दयालु थीं कि उन्होंने मुझे मेरा काम जारी रखने दिया। उन्होंने मेरी अँग्रेजी को बेहतर करने के लिए सचमुच कड़ी मेहनत की। अब पीछे पलटकर देखने पर मैं उनके प्रति कृतज्ञता महसूस करता हूँ।

मैं उस चीज़ का शिकार था, जिसे शोधकर्ता *श्रेष्ठता का पूर्वाग्रह* या *तुलनात्मक श्रेष्ठता का अहसास* कहते हैं। अयोग्य व्यक्ति ग़लती से अपनी योग्यता को औसत से ज़्यादा ऊँची मान लेते हैं।

एक अध्ययन में कॉर्नेल के शोधकर्ताओं ने युनिवर्सिटी विद्यार्थियों की व्याकरण योग्यताओं का परीक्षण किया। सबसे नीचे आने वाले 25 प्रतिशत विद्यार्थी 10वें पर्सेन्टाइल या प्रतिशतक में आए। अपने कम नंबरों का पता लगने से पहले उन्होंने परीक्षण में अपनी व्याकरण योग्यता और प्रदर्शन का अनुमान 67वें और 61वें पर्सेन्टाइल में लगाया था।[22] बाद के अध्ययनों ने दर्शाया कि विद्यार्थियों ने इन योग्यताओं में न्यूनतम शिक्षण के बाद अपनी स्थिति का अनुमान लगाने की योग्यता बेहतर बना ली। उनकी वास्तविक योग्यताओं में मामूली सुधार ही हुआ था, लेकिन उनकी स्व-मूल्यांकन की योग्यता ज़्यादा अच्छी हो गई थी।

चूँकि संप्रेषण ज़्यादातर कंपनियों के सामने मौजूद सबसे बड़ी चुनौतियों में से एक है, इसलिए मैं हर 6 महीनों में अपने इंजीनियरों के लिए एक लिखित अँग्रेजी वर्कशॉप आयोजित करता हूँ। हम वही वर्कशॉप पिछले दस सालों से साल में दो बार दोहराते आ रहे हैं। वर्कशॉप में प्रतिभागी हमारे ई-मेल मैसेजेस की समीक्षा करते हैं, ताकि संदर्भ, व्याकरण, विराम चिन्हों, संक्षिप्तता और स्पष्टता के लिहाज़ से उन्हें बेहतर बनाया जाए। इस वर्कशॉप में सिखाकर मैं अपनी योग्यताओं को ताज़ा करता हूँ और मुझे अपनी ख़ुद की ग़लतियाँ याद आ जाती हैं। हमारे जो सुपरवाइज़र वर्कशॉप का नेतृत्व करने में मदद करते हैं, उनकी तथा उनकी टीम के सदस्यों की योग्यताएँ भी बेहतर होती हैं, जिससे उन्हें लाभ होता है।

शिक्षा व्यवस्था या अपने शिक्षकों को दोष देने के बजाय हम हर दिन अपनी अँग्रेजी को बेहतर करने के लिए कदम उठा सकते हैं। आपमें से

जिन लोगों ने मेरी तरह हिंदी भाषी स्कूलों में पढ़ाई की है, उन्हें ज़्यादा कोशिश करने की ज़रूरत हो सकती है। अभ्यास आदर्श बनाता है और भाषाई योग्यताएँ सीखना इसका अपवाद नहीं है।

अपनी कंपनी में हम इंजीनियरों को प्रोत्साहित करते हैं कि वे ऑफ़िस में सहकर्मियों से अपनी मातृभाषा में बात करने के बजाय अँग्रेजी में बोलने का अभ्यास करें। इससे उन्हें एक सुरक्षित वातावरण में ग़लतियाँ करने का अवसर मिलता है, जिसमें कोई शर्मिंदगी नहीं होती और सहकर्मियों से सृजनात्मक फ़ीडबैक मिलता है। अपनी संप्रेषण योग्यताओं को बेहतर बनाने के लिए अभ्यास करने में कुछ ग़लत नहीं है। कई कंपनियों में टोस्टमास्टर्स क्लब जैसे अनौपचारिक समूह सदस्यों की प्रस्तुतियों को बेहतर बनाने में मदद करते हैं।

अँग्रेजी की योग्यताएँ सुधारने के लिए हम अपने इंजीनियरों के शब्द भंडार, व्याकरण और ग्रहण शक्ति का आकलन करते हैं। एक बार जब हम टेस्ट के परिणाम बताते हैं, तो कई इंजीनियर अपनी कमियों के बारे में जागरूक हो जाते हैं और अपनी अँग्रेजी सुधारने के लिए क़दम उठाते हैं। ज़्यादातर वयस्कों को कोई भाषा सीखने में कई साल लग जाते हैं और कोई तुरत-फुरत समाधान नहीं होता।

अँग्रेजी को बेहतर बनाने के लिए कई मुफ़्त वेबसाइट उपलब्ध हैं। हर दिन 10 मिनट लगाकर हम अपने शब्द भंडार और व्याकरण को काफ़ी सुधार सकते हैं। अब भी मैं अपनी अँग्रेजी और संप्रेषण योग्यताओं को बेहतर बनाने पर काम करता हूँ।

कैफ़ेटेरिया में उचित व्यवहार करें

हम ख़ुद को जिस तरह पेश करते हैं, उसी आधार पर लोग हमारा मूल्यांकन करते हैं। अपने करियर में प्रगति करने पर हम वरिष्ठ मैनेजरों या ग्राहकों के साथ भोजन करेंगे और इस स्थिति में हमें पेशेवर दृष्टि से व्यवहार करना आना चाहिए।

मैं हमेशा खाने से पहले और बाद में अपने हाथ धोता हूँ। यह बुनियादी स्वास्थ्य और स्वच्छता का मामला है। हाथ धोने से मैं बीमार

नहीं पड़ता हूँ और कीटाणु नहीं फैलाता हूँ।

मैं अपनी अँगुलियों से नहीं खाता हूँ। मैं छुरी-काँटे या चम्मच का इस्तेमाल करता हूँ। यह ज़्यादा पेशेवर है और इससे सामने वाले का ध्यान कम भटकता है।

वरिष्ठ मैनेजरों के साथ भोजन करते वक़्त मैं ऐसे व्यंजनों का ऑर्डर देता हूँ, जिनसे गंदगी न हो। फ़्राइड चिकन या हड्डियों से मेरे हाथ और कपड़े गंदे हो जाते हैं। जिस व्यक्ति के चेहरे पर खाना लगा हो, उसे गंभीरता से लेना मुश्किल होता है।

लंच की गति को समझना महत्त्वपूर्ण है। कई बार रेडीमेड लंच का ऑर्डर देना उस डिश को मँगाने से बेहतर होता है, जिसे बनने में थोड़ा समय लगता है। इसे भी बुनियादी शिष्टाचार समझा जाता है कि खाना शुरू करने से पहले तब तक इंतज़ार करें, जब तक कि मेज़ पर हर व्यक्ति के लिए भोजन न आ जाए।

उचित पोशाक पहनें

पिछले 25 सालों में मैं ऑफ़िस में 40 से ज़्यादा जगहों पर काम कर चुका हूँ। बिना खिड़की के तलघर में एक डेस्क वाले ऑफ़िस में, पार्ट-टाइम उपलब्ध एक साझी डेस्क पर, क्यूबिकल में और खिड़की वाले ऑफ़िस में। चाहे कोई भी स्थान हो और चाहे कोई भी मौसम हो, अपने सहकर्मियों के साथ मैंने यह आम समस्या झेली है : हमारा ऑफ़िस कुछ लोगों को या तो ज़रूरत से ज़्यादा गर्म लगता था या फिर ज़रूरत से ज़्यादा ठंडा लगता था। हममें से कुछ गर्म मौसम के आदी होते हैं और हमें ज़्यादा गर्म ऑफ़िस की ज़रूरत होती है; हममें से कुछ ज़्यादा ठंडे मौसम के आदी होते हैं और हम कम तापमान में ज़्यादा आरामदेह महसूस करते हैं।

हैदराबाद में अपनी नवीनतम इमारत बनाते समय इस समस्या को कम करने के लिए हमने तापमान के सेंसर तीन गुना करने का फ़ैसला किया; आर्किटेक्ट तापमान की समस्या को सुलझाने के लिए आम तौर पर इसी की सलाह देते हैं। मगर हमारी तमाम कोशिशों के बावजूद हमारा ऑफ़िस अब भी कुछ को ज़रूरत से ज़्यादा गर्म या ज़रूरत से ज़्यादा ठंडा

लगता है। अंतिम जवाब सरल है : ऑफ़िस के तापमान से तालमेल बैठाने के लिए मैं कपड़ों की कई परतें पहनता हूँ (स्वेटर या शॉल)।

हालाँकि हो सकता है कि हम नियमित आधार पर ग्राहकों से न मिलें, लेकिन हम उम्मीद करते हैं कि हर कर्मचारी साफ़-सुथरी और पेशेवर पोशाक पहने। हम अपने कर्मचारियों को प्रोत्साहित करते हैं कि वे प्रस्तुतियों और ग्राहक यात्राओं के लिए अर्ध-औपचारिक पोशाक तथा औपचारिक चमड़े के जूते पहनें।

हम हर एक से कहते हैं कि पेशेवर दिखने के लिए वह परम्परागत पोशाक पहने।

मैं *हमेशा* जूते पहनता हूँ और ढीले सैंडल या चप्पलें पहनने से बचता हूँ। ज़्यादा पेशेवर होने के अलावा इससे मैं सड़क पर पड़े टूटे काँच और कीलों की वजह से होने वाली चोटों से भी बच जाता हूँ। मैंने देखा है कि कई लोगों ने अगर जूते पहने होते, तो वे चोट से बच सकते थे।

अपने मित्रों और परिवार का प्रबंधन करें

जब मैंने सफल और सुनियोजित लोगों का अध्ययन किया, तो मैंने इस बात पर ग़ौर किया कि उन्होंने अपने जीवन में लोगों की अपेक्षाओं को अपनी योजना के हिसाब से ढाला था। इन सफल परिवारों ने अपने मित्रों और रिश्तेदारों को शिक्षित करने का समय निकाला।

मेरे मामले में मेरे माता-पिता जानते हैं कि कामकाजी घंटों में मैं व्यस्त रहता हूँ। वे मुझे ऑफ़िस में फ़ोन नहीं करते हैं। वे जानते हैं कि मैं सुबह 7 से 8 उपलब्ध रहता हूँ और फिर शाम को 7 बजे के बाद। दरअसल, मैंने एक क़दम आगे जाकर उनके साथ हर शनिवार की सुबह एक फ़ोन कॉल का नियम बना लिया है।

इस साल की शुरुआत में मैंने अपने परिवार के साथ ज़्यादातर कॉल के लिए स्काइप वीडियो का उपयोग शुरू कर दिया। अब मैं उनके साथ जब 30 मिनट गुज़ारता हूँ, तब हम एक-दूसरे पर पूरा ध्यान दे रहे होते हैं। वरना, वे एक साथ टीवी भी देखते थे और मुझसे बात भी करते थे।

कई बार जब मुझे किसी का फ़ोन आता है, तो मैं कंप्यूटर पर ई-मेल कर रहा होता हूँ। या, मैं व्यस्त हो सकता हूँ या बिज़नेस मीटिंग में या मित्रों के साथ हो सकता हूँ। मैं समझता हूँ कि मुझे हर फ़ोन कॉल का जवाब तुरंत देने की ज़रूरत नहीं है और मैं ऐसा नहीं कर सकता। मैं उन्हें बाद में फ़ोन कर सकता हूँ और करता हूँ। मैं जिन सफल लोगों को जानता हूँ, उनमें से ज़्यादातर इसी नीति पर चलते हैं।

जब मैं बाद में पलटकर फ़ोन करता हूँ, तो मैं मल्टीटास्किंग नहीं करता। इससे कम समय में मेरी ज़्यादा संलग्न और सार्थक बातचीत हो जाती है। ज़्यादातर युवा पेशेवर इस तरह का व्यवहार नहीं करते हैं।

कृतज्ञता दिखाएँ

मैं अपने सभी शिक्षकों, सुपरवाइज़रों, नियोक्ताओं और ग्राहकों के प्रति कृतज्ञ हूँ। उन सभी ने मुझे अवसर दिए, जिन्होंने मेरी व्यक्तिगत और पेशेवर तरक्की में मदद की। इसके अलावा, कई मित्रों, सहकर्मियों, रिश्तेदारों और परिवार के सदस्यों ने ऐसे मायनों में सफल होने में मेरी मदद की, जिनका मुझे पता भी नहीं चला।

जीवन की शुरुआत में मैं पिछली ग़लतियों के लिए लोगों की आलोचना करता था और द्वेष पालता था। परिपक्व होने पर मुझे अहसास हुआ कि मुझे क्षमा करना सीखने की ज़रूरत है। अब मैं इन घटनाओं को सीखने का अवसर मानता हूँ। वरना, ख़ुद को पीछे रोके रखने लिए मैं ख़ुद ज़िम्मेदार हूँ।

'आपको धन्यवाद' की सच्ची मानसिकता के साथ मैं अपने काम पर सकारात्मक रूप से ध्यान केंद्रित कर सकता हूँ और आगे बढ़ सकता हूँ।

व्यक्तिगत प्रभावकारिता के प्रबंधन की जाँचसूची
◈ हर महीने उद्योग संबंधी दो पुस्तकें पढ़ें
◈ उद्योग की पत्रिकाएँ पढ़ें
◈ उद्योग से संबन्धित लेक्चर सुनें
◈ छुट्टियों की योजना छह महीने पहले से बनाएँ
◈ कंपनी के कार्यक्रमों में हिस्सा लें
◈ ट्रैफ़िक के व्यस्त समय से बचें
◈ हर दिन 10 मिनट तक अँग्रेजी का अभ्यास करें – मौखिक भी और लिखित भी
◈ छुरी-काँटे-चम्मच का उपयोग करें
◈ परम्परागत पोशाक पहनें
◈ मौसम के हिसाब से पोशाक पहनें
◈ जूते हमेशा पहनें
◈ औपचारिक पोशाक ख़रीदें
◈ 'आपको धन्यवाद है' की मानसिकता रखें

5

स्वास्थ्य और धन का प्रबंधन करें

'दो लौकिक वरदानों - सेहत और धन - के बीच यह फ़र्क़ है; धन के लिए सबसे ज़्यादा ईर्ष्या की जाती है, लेकिन इसका सबसे कम आनंद लिया जाता है; सेहत का सबसे ज़्यादा आनंद लिया जाता है, लेकिन इसके लिए सबसे कम ईर्ष्या की जाती है; और दूसरी वाली बात की श्रेष्ठता पर विचार करने पर वह और भी ज़्यादा स्पष्ट हो जाती है।'

-चार्ल्स कैलेब कोल्टन,
अँग्रेज पादरी और लेखक

जब मैं दीर्घकालीन सफलता के बारे में सोचता हूँ, तो मेरे लिए मेरी सेहत और व्यक्तिगत संपत्ति मायने रखती है। मैंने बहुत-से सफल लोगों को कष्ट उठाते देखा है, सिर्फ़ इसलिए क्योंकि उन्होंने अपनी सेहत की परवाह नहीं की। इसी तरह, लंबे समय तक हमारी आमदनी के अनुशासित उपयोग के बिना वित्तीय स्वतंत्रता हासिल करना असंभव है।

स्वास्थ्य

'अपने शरीर की परवाह करें। यह आपके पास रहने के लिए एकमात्र जगह है।'

-जिम रॉन
स्व-निर्मित अमेरिकी करोड़पति और
व्यक्तिगत विकास कोच

लगभग 3 साल पहले तक मैं अपनी सेहत को छोड़कर हर चीज़ को समय दे रहा था। मैं व्यस्त रहने पर बहुत केंद्रित था। स्वास्थ्य मेरी प्राथमिकताओं में शामिल नहीं था। मैं अपने मोबाइल फ़ोन के बारे में जितना जानता और दिलचस्पी रखता था, उतना अपने शरीर के बारे में न जानता था, न ही दिलचस्पी रखता था। फलस्वरूप मेरा प्रदर्शन प्रभावित हुआ। मैं दुखी हो गया। मैं एकाग्र नहीं रह पाता था।

ज़्यादातर भारतीय कंपनियों के 30 से 45 साल के जिन पेशेवर लोगों का वज़न ज़्यादा है, उसके लिए ख़राब आहार और व्यायाम की कमी ज़िम्मेदार है। हमें अपने पारंपरिक आहार को लेकर बहुत-सी भ्रामक जानकारियाँ भी हैं। इस साल की शुरुआत में *न्यू यॉर्क टाइम्स*[23] ने एक लेख छापा, जिसमें लिखा था कि हमारे बुज़ुर्ग रिश्तेदार हमें बताते रहते हैं कि देसी घी अच्छा है, पनीर बेहतरीन है और दाल पूरी तरह प्रोटीन है। यह सब ग़लत है।

अब भारतीय भोजन पर कई नई वेबसाइट, मोबाइल ऐप्लिकेशन और पुस्तकें हैं, जिनसे हमें ज़्यादा सीखने में मदद मिलती है। मैं ख़ुद को बहुत सक्रिय मानता था, जब तक कि मैंने अपनी कैलोरियों की निगरानी करने के लिए बॉडी मीडिया फ़िट बैंड का इस्तेमाल शुरू नहीं किया। मैं इसे अपनी बाँह पर पहनता हूँ। निगरानी के बाद मुझे अहसास हुआ कि मैं उतना सक्रिय नहीं था, जितना कि मैं सोचता था। कई ऐंड्रॉइड ऐप्लिकेशन हैं, जो हमारी गतिविधि और भोजन की निगरानी में मदद कर सकते हैं। बैंगलोर स्थित एक कंपनी हैल्दिफ़ाईगी भारतीय भोजन में कैलोरियों की निगरानी करने के लिए एक ऐंड्रॉइड ऐप्लिकेशन प्रदान करती है।

मैं हर साल मेडिकल चेकअप कराता हूँ, भले ही मैं बीमार न होऊँ। इतने वर्षों से सालाना मेडिकल चेकअप कराने की वजह से मेरी जान बच गई। उम्र के साथ तला-भुना भोजन और मीठी चीज़ें खाने से मुझे हृदय रोग हो गया था (ज़्यादा कॉलेस्टेरॉल के कारण)। मेरा वज़न ज़्यादा था। इससे भी बुरी बात, मैं अस्वीकृति की अवस्था में था। चूँकि मेडिकल टेस्ट के परिणाम (डाटा) झूठ नहीं बोलते, इसलिए मुझे अपनी समस्या का अहसास हो गया और मैंने अपना व्यवहार बदल लिया।

अपने पिछले जन्मदिन पर मैं कम्प्लीट चेकअप कराने के लिए अस्पताल गया, हालाँकि मुझे कोई शारीरिक समस्या नहीं थी। सालाना मेडिकल चेकअप जन्मदिन का वह सबसे अच्छा तोहफ़ा था, जो मैं एक लंबे और सुखद जीवन के लिए अपने शरीर को दे सकता था। चूँकि मेरा जन्मदिन हर साल पहले से तय है, इसलिए मेरा मेडिकल चेकअप भी तय है। अस्पताल में मेडिकल स्टाफ़ ने मुझे बताया कि कई लोग हर साल रोकथाम संबंधी मेडिकल चेकअप कराने आते हैं। मेरे लिए, अपने जन्मदिन को मनाने का इससे बेहतर तरीक़ा नहीं है।

पिछले 3 सालों से मैंने अपनी सेहत को बेहतर बनाने पर ज़्यादा समय लगाया है। मुझे अहसास है कि मुझे भोजन की गुणवत्ता को बेहतर बनाने, नियमित व्यायाम करने और पर्याप्त नींद लेने की ज़रूरत है। स्वास्थ्य को बिगड़ने में लंबा समय लगता है; स्वास्थ्य को सुधरने में भी लंबा समय लगता है। मित्रों के साथ अस्वास्थ्यकर भोजन से बचने के लिए मैं हर एक से मज़ाक़ करता हूँ कि मैं 50 साल और जियूँगा।। इसलिए मैं *स्वादिष्ट* भोजन से बचता हूँ। नतीजा यह है कि मैं 10 साल पहले जितना स्वस्थ था, आज उससे कहीं ज़्यादा स्वस्थ हूँ।

जब भी मैं बीमार होता हूँ, मैं अपने डॉक्टर से तुरंत संपर्क करता हूँ। मैंने पाया है कि कई लोग डॉक्टर के पास तब तक नहीं जाते, जब तक कि वे बहुत बीमार न हो जाएँ।

यहाँ मेरी कुछ नई आदतें हैं। इनमें से ज़्यादातर में बहुत कम पैसा लगता है :

- मैं हर दिन 6 से 8 गिलास स्वच्छ पानी पीता हूँ (1.6 लिटर से 2 लिटर तक)। मैं हमेशा पानी की चुस्कियाँ लेता रहता हूँ। मेरे प्रशिक्षक ने मुझे बताया था कि अगर मैं पानी पीने के लिए प्यास लगने का इंतज़ार करता हूँ, तो तब तक देर हो चुकी होती है। अगर मुझे प्यास लग रही है, तो इसका मतलब है कि शरीर में पहले ही पानी की कमी हो चुकी है।
- पानी की स्वच्छता सुनिश्चित करने के लिए घर पर 'रिवर्स

ऑस्मॉसिस' वॉटर फ़िल्टर लगवाएँ (अन्य वॉटर फ़िल्टरों से कहीं ज़्यादा कारगर)।

- मैं दिन में हर 3 घंटे बाद एक फल खाता हूँ (अमरूद, गाजर, केला, टमाटर, पपीता, सेब)। टमाटर मेरा प्रिय फल है; यह सबसे अच्छे और सबसे सस्ते फलों में से एक है।[24] यह ज़रूरी नहीं है कि बेहतरीन फल महँगे ही हों। भारत में कई लोग, जिनमें कुछ डॉक्टर भी शामिल हैं, यह मानते हैं कि टमाटर से किडनी की पथरी का जोखिम बढ़ जाता है। अपने शोध में मैंने पाया है कि टमाटर के ऐंटीऑक्सीडेंट गुणों के कारण किडनी की पथरी रोकने में मदद मिलती है।[25] मैं अलग-अलग फल खाता हूँ, क्योंकि एक ही चीज़ की अधिकता अस्वास्थ्यकर हो सकती है।
- मैं समोसा, डोसा आदि तली-भुनी चीज़ों से परहेज करता हूँ। अगर मैं किसी ऐसी स्थिति में फँस जाता हूँ, जहाँ सिर्फ़ समोसा या डोसा ही उपलब्ध हो, तो मैं रेस्तराँ वाले से कहता हूँ कि वह मेरे भोजन में कम तेल का इस्तेमाल करे।
- मैं हर तरह के सॉफ़्ट ड्रिंक्स से बचता हूँ, जिनमें कोका कोला और पेप्सी शामिल हैं, क्योंकि उनमें हानिकारक शकर भरी होती है।
- मैं जितना ज़्यादा संभव होता है, ताज़ा नारियल पानी पीता हूँ। ताज़ा नारियल पानी मुंबई और हैदराबाद में आसानी से उपलब्ध है। हमारी टीम के सदस्यों की जागरूकता बढ़ाने के लिए हम अपने सालाना कंपनी कार्यक्रम में मीठे सॉफ़्ट ड्रिंक के बजाय नारियल पानी देते हैं।
- मैं शराब से बचता हूँ। (मैं नशे में मूर्खता करके दूसरों का मनोरंजन नहीं करता हूँ। इसके अलावा, मुझे अगले दिन भयंकर सिर दर्द होता है।) हम अपनी कंपनी के कार्यक्रमों में शराब नहीं परोसते हैं।

- मैं दिन में कम से कम तीन बार साबुन से हाथ धोता हूँ।
- लगभग 20 साल पहले मेरे दंतचिकित्सक ने मुझसे कहा था कि वह चाहता है कि मैं अपने दाँत सही-सलामत लेकर मरूँ। उसने ज़िक्र किया था कि अगर मैं दाँतों के स्वास्थ्य की देखभाल करूँ, तो उनका गिरना रोका जा सकता है। हर 6 महीने में मैं दाँतों की सफ़ाई और जाँच के लिए अपने दंतचिकित्सक के पास जाता हूँ।
- मैंने कभी सिगरेट नहीं पी या तंबाखू नहीं खाया। (हाँ माँ, यह सच है!) मुझे पता नहीं कि मैं कितने भोग-विलास से वंचित रहा। मेरे कई मित्रों ने कई कारणों से सिगरेट शुरू की थी (साथियों का दबाव, सामाजिक दिखावा और तनाव।) इतने बरसों में सिगरेट पीने से स्वास्थ्य को होने वाले नुक़सान की ख़बरें भयानक होती जा रही हैं। सिगरेट न पीकर मैंने समय और पैसा दोनों बचाए हैं।
- मुझे ख़ुशी है कि मैं सिगरेट से पूरी तरह बचता हूँ। अपनी विदेश यात्राओं में मैं हवाई अड्डे की कस्टम ड्यूटी फ़्री दुकानों से अपने रिश्तेदारों और मित्रों को तोहफ़े में देने के लिए सिगरेट या शराब नहीं लाता हूँ। मैं तर्क देता हूँ कि अगर मैं विटामिन नहीं दे सकता, तो मुझे उनके स्वास्थ्य को नुक़सान पहुँचाने वाली आदत को बढ़ावा नहीं देना चाहिए। मुझे इस बात से फ़र्क़ नहीं पड़ता कि मेरे साथी इस बारे में क्या सोचते हैं। अब मुझे ऐसे आग्रह मिलते ही नहीं हैं।
- हालाँकि मैं शाकाहारी नहीं हूँ, लेकिन मैं तैलीय मांसाहारी व्यंजनों से बचता हूँ, जिनका स्वाद मुझे वाक़ई पसंद था। मैं मांसाहारी भोजन के लिए इस्तेमाल होने वाले मुर्गों और अन्य जानवरों के स्वास्थ्य के बारे में चिंतित हूँ। मुझे मांसाहारी भोजन की अपनी इच्छा को सीमित करना आसान लगता है।
- मैं हर दिन नाश्ता करता हूँ। इससे पहले समय की कमी और

कई दूसरे बहाने बनाकर मैं नाश्ते में टालमटोल कर देता था। पिछले 10 सालों से मैंने नाश्ते में दूध के साथ ओटमील या कम शकर का सीरियल लिया है। मुझे अपने शरीर को उपवासी अवस्था में पहुँचाने की ज़रूरत नहीं होती, क्योंकि मैं डिनर के बाद से कुछ नहीं खाता। अगर कोई चीज़ आसानी से उपलब्ध नहीं है, तो मैं जागने के 1 घंटे के भीतर बस एक केला या कोई दूसरा फल खा लेता हूँ। प्रोटीन और अन्य पोषक तत्वों के लिए मैं नाश्ते में दो उबले अंडे भी नियम से खाता हूँ।

- मेरे परिवार में कुछ बीमारियों का पारिवारिक इतिहास रहा है (डाइबिटीज़, हृदय रोग, दमा)। बहुत कम लोग इन बीमारियों की रोकथाम के लिए प्रो-ऐक्टिव (सक्रिय) तरीके से काम करते हैं।

ज़रूरत से ज़्यादा शकर लेना बहुत हानिकारक होती है। मैंने अपनी शकर की मात्रा को कम कर दिया है। सैन फ़्रांसिस्को में युनिवर्सिटी ऑफ़ कैलिफ़ोर्निया के प्रोफ़ेसर ऑफ़ मैडिसिन डॉ. रॉबर्ट लस्टिग अपने मशहूर यूट्यूब वीडियो, *शुगर : द बिटर ट्रुथ*[26] में शकर के नकारात्मक प्रभाव बताते हैं। यह वीडियो लोकप्रिय है और बहुत शैक्षणिक भी है।

शकर प्राकृतिक न होकर एक सीखा गया स्वाद है। भारतीयों में आनुवंशिक रूप से टाइप-2 डाइबिटीज़ की प्रवृत्ति होती है। मेडिकल विशेषज्ञों के अनुसार मिठाइयों में शकर और वसा (देसी घी) के भारी उपभोग की वजह से हमारे यहाँ डाइबिटीज़ की महामारी है। डाइबिटीज़ की महामारी के बारे में जानने के बाद मैं अपने सहकर्मियों, दोस्तों और परिवार के सदस्यों को इस बारे में शिक्षित करता हूँ। हमारी कंपनी के समारोहों में हम मिठाइयों के विकल्प के रूप में ताज़े फल परोसते हैं।

जब मैं बड़ा हो रहा था, तो मेरे पास चॉकलेट के लिए पैसे नहीं रहते थे। इस कारण मेरी जीभ को चॉकलेट का चस्का लगा ही नहीं। मैं सोचता हूँ, यह अच्छी बात रही। हालाँकि शायद शुद्ध चॉकलेट मेरे लिए अच्छी है, लेकिन उसके साथ की शकर अच्छी नहीं है।

स्वस्थ रहने और वज़न न बढ़ने के लिए नींद अति महत्त्वपूर्ण है।

मुझे हर दिन 8 घंटों की नींद की ज़रूरत होती है। सोने जाने से पहले मैं अपना मोबाइल फ़ोन बंद कर देता हूँ। मैं अपने परिवार वालों से कह देता हूँ कि जब तक कोई आपातकालीन स्थिति न हो, तब तक वे मुझे न जगाएँ। जब भी संभव होता है, मैं अल-सुबह या देर रात की ज़्यादा यात्राएँ नहीं करता हूँ। व्यायाम भी बेहतर नींद में मेरी मदद करता है।

हर दिन व्यायाम करें

द ह्यूमन परफ़ॉरमेंस इंस्टीट्यूट (एच.पी.आई.) फ़िटनेस के क्षेत्र में विश्वविख्यात शोध संस्थान है। इसने 7 मिनट की एक व्यायाम दिनचर्या बनाई है, जिसमें किसी ख़ास उपकरण की ज़रूरत नहीं होती। इन व्यायामों में जिम की सदस्यता लेने की ज़रूरत नहीं है। 12 उच्च गहन-प्रयास वाले व्यायाम हैं। इस दिनचर्या में सिर्फ़ शरीर के वज़न, कुर्सी और दीवार की ज़रूरत होती है। हर व्यायाम 30 सेकेंड तक किया जाता है, जिनके बीच में 10 सेकेंड का अंतर होता है। यह दिनचर्या 7 मिनट में पूरी की जा सकती है। अगर 7 मिनट के बाद भी हममें ऊर्जा बची रहे, तो हम इस दिनचर्या को 2-3 बार दोहरा सकते हैं। यह दिनचर्या वज़न उठाने और लंबी दौड़ लगाने के बराबर है।

हमारी कंपनी के कई लोगों ने दैनिक व्यायाम की इन मुफ़्त तकनीकों का इस्तेमाल शुरू किया और वे बताते हैं कि सिर्फ़ 7 मिनटों में ही वे थक जाते हैं। पहले मैं कहता था कि मेरे पास व्यायाम के लिए समय नहीं है। अब मैं ख़ुद से पूछता हूँ, 'क्या मैं अपनी सेहत को बेहतर बनाने के लिए हर दिन बस 7 मिनट ख़र्च कर सकता हूँ?' जब मैं व्यायाम नहीं करता हूँ, तो कई मर्तबा इसका कारण यह नहीं होता कि मेरे पास समय नहीं था।

एच.पी.आई. ने 20 ऑलंपिक गोल्ड मेडलिस्ट दिए हैं, इसलिए उनकी प्रणाली और शोध आज़माया हुआ है। इस दिनचर्या पर एक विस्तृत लेख द *अमेरिकन कॉलेज ऑफ़ स्पोर्ट्स मेडिसिन्स हेल्थ ऐंड फ़िटनेस जर्नल*[27] के मई-जून 2013 अंक में प्रकाशित हुआ था। इस लेख में मुफ़्त में दिनचर्या बताई गई है और इसके पीछे के विज्ञान को समझाया गया है। इंटरनेट पर देखने के बाद कोई भी ये व्यायाम कर सकता है।

परिशिष्ट-4 में ये व्यायाम चित्र और वर्णन के साथ क्रम से दिए गए हैं।

स्वास्थ्यवर्धक आदतों की जाँचसूची

प्रतिदिन

- मोबाइल ऐप्लिकेशन के ज़रिये अपनी गतिविधि की निगरानी करें
- हैल्दिफ़ाईमी के ज़रिये कैलोरियों की निगरानी करें
- घर पर खाएँ (यदि घर पर न रह रहे हों, तो अपना भोजन खुद बनाएँ)
- 6 गिलास पानी पिएँ
- हर दिन 8 घंटे सोएँ

हर सप्ताह

- हर दिन 20 मिनट तक सप्ताह में पाँच बार चलें (ऐरोबिक)
- सप्ताह में तीन बार योग करें या वज़न उठाएँ (प्रतिरोध प्रशिक्षण)

वार्षिक

- मेडिकल चेकअप, जिसमें डाइटिशियन से मिलना शामिल है
- दाँतों का चेकअप
- व्यक्तिगत स्वास्थ्य पर कम से कम एक पुस्तक पढ़ें
- हेल्थ वेबसाइट न्यूज़लेटर की सदस्यता की समीक्षा करें

धन

हममें से ज़्यादातर लोग किसी दिन अमीर बनना चाहते हैं। *दीर्घकालीन अनुशासन* की नीति पर चलकर अमीर बनना आसान है। निजी सेक्टर में भारी पेशेवर अवसर उपलब्ध हैं, इसलिए हमारे लिए आर्थिक संपन्नता संभव है।

नौकरी के पहले कुछ सालों में मेरी आमदनी सीमित थी। मेरे कई पारिवारिक दायित्व और शैक्षणिक कर्ज़ भी थे। मैंने अपने कई व्यक्तिगत ख़र्च मुल्तवी कर दिए। एक बार जब मेरी तनख़्वाह नियमित हो गई, तो साथियों ने मुझ पर जीवन का आनंद लेने का दबाव बढ़ाया, जैसे सुंदर कार ख़रीद लो, नवीनतम इलैक्ट्रॉनिक सामान ख़रीद लो। बहरहाल, मैं अनुशासित बना रहा और मैंने संतुष्टि को टाला।

जब मैंने धनराशि के बारे में अध्ययन किया, तो मुझे उत्पादक व्यय (जैसे उच्च शिक्षा) और अनुत्पादक व्यय (जैसे रेस्तराँ, पोशाक और छुट्टियाँ) के बीच का फ़र्क़ पता चला। मैंने जल्दी ही नियमित रूप से बचत शुरू कर दी और चक्रवृद्धि ब्याज की ज़बर्दस्त शक्ति का लाभ लिया।

'चक्रवृद्धि ब्याज संसार का आठवाँ चमत्कार है। जो इसे समझता है, वह इसे कमाता है... जो इसे नहीं समझता है... वह इसे चुकाता है।'

–ऐल्बर्ट आइंस्टाइन

चक्रवृद्धि के अलावा मैंने यह भी सीखा कि टैक्स जीवन में हमारा सबसे बड़ा ख़र्च होते हैं। यहाँ कुछ विचार दिए जा रहे हैं, जिन्होंने मेरी मदद की।

टैक्स की दृष्टि से लाभदायक छोटी बचत योजनाओं का इस्तेमाल करें

व्यक्तिगत टैक्स जीवन में हमारा सबसे बड़ा खर्च है। पेशेवर के रूप में हमारी आमदनी के विवरण इन्कम टैक्स विभाग को बता दिए जाते हैं, इसलिए हम टैक्स से नहीं बच सकते। बहरहाल, हम टैक्स को *क़ानूनी* रूप से कम करके अपनी आर्थिक स्थिति को सही कर सकते हैं। हमारी सरकार बचत को बढ़ावा देने के लिए कुछ टैक्स से मिलने वाले लाभों को प्रोत्साहन देती है।

आसान तरीक़ा है, दीर्घकालीन बचत पर टैक्स बचाने के लिए पब्लिक प्रॉविडेंट फ़ंड (पी.पी.एफ़.) जैसी टैक्स की दृष्टि से लाभकारी

योजनाओं में निवेश करें। सभी बड़े नियोक्ता कोई टैक्स चुकाए बिना हर महीने पैसे बचाने में कर्मचारियों की मदद के लिए एम्प्लॉई प्रॉविडेंट फ़ंड (ई.पी.एफ़.) की सुविधा देते हैं।

हमारे कई कर्मचारी पी.पी.एफ़. योजना का उपयोग करते हैं और हर साल स्टेट बैंक ऑफ़ इंडिया या आई.सी.आई.सी.आई. में एक लाख रुपए तक जमा करते हैं। पी.पी.एफ़. योजना वर्तमान में 8.7 प्रतिशत सालाना ब्याज देती है, जो निकालते समय टैक्स-मुक्त होता है (आम तौर पर 15 वर्ष या इससे ज़्यादा समय बाद)। करमुक्त चक्रवृद्धि और गारंटीड ब्याज आमदनी के कारण यह ख़ाता दूसरे निवेशों से ज़्यादा तेज़ी से बढ़ता है। पी.पी.एफ़. योजना इतनी आकर्षक है कि हमारी सरकार ने यह सीमा तय कर दी है कि कोई व्यक्ति इसमें हर साल सिर्फ़ एक लाख रुपए तक ही जमा कर सकता है।

भले ही आप हर वर्ष एक लाख रुपए की पूरी राशि जमा न कर सकते हों, लेकिन आप एक हज़ार रुपए की न्यूनतम राशि से ख़ाता खोल सकते हैं। ब्याज की आमदनी बढ़ाने के लिए हमारे कई कर्मचारी पूरी राशि का भुगतान हर आर्थिक वर्ष में 1 अप्रैल को ही कर देते हैं। चक्रवृद्धि की शक्ति का लाभ लेने के लिए जल्दी बचत शुरू करना बहुत महत्त्वपूर्ण है।

हमारे कर्मचारियों के बीच बचत को बढ़ाने के लिए हम अपनी *कौन बनेगा करोड़पति* (लोकप्रिय नाम के.बी.सी.) चुनौती पेश करते हैं :

इन दो लोगों में से किसके पास 65 साल की उम्र में ज़्यादा पैसा रहेगा? वीरू के पास या जय के पास?

1. जय नामक इंजीनियर 22 से 29 साल की उम्र तक हर साल एक लाख रुपए पी.पी.एफ़. योजना में जमा करता है यानी कि कुल आठ लाख रुपए। 30 साल का होने के बाद जय इसमें कोई पैसा जमा नहीं करता है।
2. वीरू नामक इंजीनियर तब तक बचत शुरू नहीं करता है, जब तक कि वह 30 का नहीं हो जाता। जब वीरू 30 का हो जाता है, तो वह अगले 35 साल तक हर साल पी.पी.एफ़. योजना में

एक लाख रुपए जमा करता है यानी कि कुल 35 लाख रुपए।

हमारे ज़्यादातर कर्मचारी ग़लती से वीरू को चुन लेते हैं। लेकिन ग़ौर करें, 65 साल की उम्र में जय के पास 2,38,94,087 रुपए होंगे (उसकी जमा राशि का 29 गुना) और वीरू के पास 2,38,17,130 रुपए होंगे (उसकी जमा राशि का छह गुना)। जय से चार गुना पैसे जमा करने के बावजूद वीरू के पास कम पैसा होगा। यही टैक्स-मुक्त चक्रवृद्धि ब्याज की शक्ति है।

नीचे दी गई टेबल निवेश विवरणों का सार देती है। यदि आपको परिणामों पर यक़ीन न हो, तो परिशिष्ट-5 में पूरी गणना विस्तार से दी गई है।

टेबल 5.1 : किस प्रकार 22 साल की उम्र में 8 साल सारा फ़र्क़ डाल सकते हैं

	जय	वीरू
उम्र, जब बचत शुरू की	22	30
निवेश के वर्ष	8	35
सालाना ब्याज दर	8.7 प्रतिशत	8.7 प्रतिशत
निवेशित राशि	8,00,000 रुपए	35,00,000 रुपए
कुल चक्रवृद्धि ब्याज	2,30,94,087 रुपए	2,03,17,130 रुपए
कुल परिपक्वता राशि	2,38,94,087 रुपए	2,38,17,130 रुपए

विडंबना यह है कि जब हम युवा होते हैं और बचत से हमें सबसे ज़्यादा लाभ होता है, तब हमारे पास बचाने के लिए ज़्यादा पैसा होता ही नहीं है। चूँकि हमारी आमदनी कम होती है, इसलिए हमारे टैक्स भी कम होते हैं और हमें टैक्स बचत से ज़्यादा लाभ नहीं होता है। हम रिटायरमेंट के बारे में भी नहीं सोचते हैं, क्योंकि यह 40 साल दूर है। जब हम

ज़्यादा बड़े होते हैं, तो हमारी आमदनी बढ़ जाती है, लेकिन हमारे पास रिटायरमेंट तक का उतना समय नहीं बचता है। 40 वर्ष के चक्रवृद्धि ब्याज के हमारे पक्ष में न होने के कारण हमारा पैसा उतना नहीं बढ़ पाता है।

हम अपने कर्मचारियों को प्रोत्साहित करते हैं कि वे हर साल पी.पी.एफ़. योजना का उपयोग करें। ई.पी.एफ़. खातों से जुड़ी झंझटों से बचने के लिए हम अपने कर्मचारियों को स्टेट बैंक और आई.सी.आई.सी.आई. बैंक द्वारा प्रदान की जाने वाली पी.पी.एफ़. सुविधा का उपयोग करने को कहते हैं। वर्तमान में, एम.ए.क्यू. सॉफ़्टवेअर पी.पी.एफ़. योजना में कर्मचारी के योगदान की बराबर राशि जमा करता है। कर्मचारी अपने पी.पी.एफ़. ख़ातों में हर साल एक लाख रुपए तक जमा कर सकते हैं। कंपनी बराबरी के योगदानों में पचास हजार रुपए तक का योगदान देती है। इन्कम टैक्स लाभ के साथ पी.पी.एफ़. योजना एक बेहतरीन दीर्घकालीन बचत विकल्प है।

पिछले 25 वर्षों में मैंने दीर्घकालीन बचत योजनाओं में अपने टैक्सरहित योगदानों को अधिकतम किया है। जब मुझे व्यक्तिगत व्यय और दीर्घकालीन बचत में किसी को चुनना पड़ा, तो मैंने हमेशा बचत को चुना।

कर्ज़ और व्यय

व्यय (और संतुष्टि) में विलंब करके मैं कर्ज़ से बचा। मैंने अपनी ज़िंदगी में कर्ज़ लिया है, लेकिन उत्पादक व्ययों के लिए।

दो तरह के ख़र्च होते हैं : उत्पादक और उपभोग-केंद्रित। उत्पादक व्यय अच्छा होता है, क्योंकि इससे हमारी आमदनी या संपत्तियाँ बढ़ती हैं (जैसे उच्च शिक्षा, निवारक चिकित्सा, पुस्तकें)। उपभोग-केंद्रित व्यय हमारी आर्थिक बुनियाद बनाने में मदद नहीं करता है, बल्कि अल्पकालीन ख़ुशी भर देता है (साप्ताहिक फ़िल्म टिकिट, नवीनतम सैमसंग एस4 मोबाइल फ़ोन, और एक महँगी मोटइसाइकल, जबकि ज़्यादा सस्ता विकल्प कारगर होगा)।

हममें से कई अंततः एक मकान ख़रीदेंगे। सामाजिक प्रतिष्ठा और आराम के अलावा मकान वित्तीय अनुशासन प्रदान करता है, क्योंकि मकान में बने रहने के लिए हमें हर महीने क़िस्तें चुकानी होती हैं। अपना मकान

ख़रीदने से पहले मैंने सुनिश्चित किया कि मेरी बचत और आमदनी ब्याज के भुगतान लायक़ हो। मुझे अहसास हुआ कि मकान के भाव हमेशा मुद्रास्फीति से ज़्यादा तेज़ी से नहीं बढ़ते हैं। यदि मैं अपनी चादर से ज़्यादा पैर पसारता, तो मेरे जीवन के दूसरे विकल्प सीमित हो सकते थे। मेरे दृष्टिकोण से मकान जीवनशैली से जुड़ा निर्णय है और उपभोग-केंद्रित व्यय है। यदि आप कोई निवेश लें, जहाँ वृद्धि 30 साल तक टैक्स से मुक्त हो, तो आप अच्छा प्रदर्शन करेंगे। बहरहाल, कई लोग घाटा उठाते हैं, क्योंकि वे ब्याज के बोझ और अ-तरल निवेश (मकान) बेचने की सौदे की लागत पर विचार नहीं करते हैं। हो सकता है कि मकान के लोन पर ब्याज की जो टैक्स छूट मिल रही हो, वह इस व्यय को तर्कसंगत साबित करने के लिए पर्याप्त न हो।

कई लोग उपभोग व्यय के लिए अपने क्रेडिट कार्ड पर उधार लेते हैं। मैंने कभी क्रेडिट कार्ड पर कर्ज़ नहीं लिया, हालाँकि यह कर्ज़ लेना आसान होता है। क्रेडिट कार्ड कर्ज़ की ब्याज दरें बहुत ऊँची होती हैं और मैं हर एक को इससे बचने के लिए प्रोत्साहित करता हूँ। मैं सिर्फ़ एक क्रेडिट कार्ड और सिर्फ़ एक बैंक अकाउंट रखकर अपने जीवन को सरल बनाता हूँ।

यातायात की लागत कम करें

मैं ऑफ़िस के बहुत क़रीब रहने की कोशिश करता हूँ। घर से ऑफ़िस की मेरी यात्रा हमेशा 10 मिनट से कम की होती है। अपने जीवन के शुरू में मैं ख़ुशक़िस्मत था और छोटे कस्बों में रहता था, जहाँ हर चीज़ पास थी। अपना करियर शुरू करने के बाद मैंने ऑफ़िस के क़रीब रहने के लिए अपने घर की गुणवत्ता से समझौता किया। ऑफ़िस के क़रीब रहने से मेरा समय और पैसा बचता है तथा मुझे कम तनाव होता है। हर दिन मुझे अतिरिक्त समय मिल जाता है। हमारी कंपनी में कई बहुत योग्य इंजीनियर थे, जिन्होंने लगभग 1 घंटे दूर जाकर रहने का विकल्प चुना। कुछ ही सालों में वे इस तनाव को नहीं झेल पाए और अंततः उन्हें कंपनी छोड़कर जाना पड़ा।

मेरी दैनिक यात्रा कम करने के कई लाभ हैं। पहला तो यह है कि आप ऑफ़िस पहुँचने में लगने वाले समय और तनाव को कम कर देते

हैं। दूसरी बात, कार न चलाने से मैं दुर्घटनाओं की आशंका को कम कर देता हूँ। इसीलिए बीमा कंपनियाँ बीमे की दर तय करने के लिए मुझसे पूछती हैं कि मैं हर साल कितनी कार चलाता हूँ। उनका तर्क होता है कि अगर मैं सड़क पर नहीं हूँ, तो मेरी दुर्घटना नहीं हो सकती। तीसरी बात यह है कि मैं अपने व्यय कम कर लेता हूँ। कार चलाना महँगा है। कार का रखरखाव बहुत महँगा है। यही नहीं, पेट्रोल के दाम बढ़ने से स्थिति और बिगड़ेगी।

अगला सवाल है ऑफ़िस के क़रीब घर खोजना। जो लोग बड़े शहरों में रहते हैं, उनमें से ज़्यादातर के लिए नौकरी खोजना और ऑफ़िस के क़रीब घर खोजना *संभव* है। हम या तो मकान की गुणवत्ता के साथ समझौता कर सकते हैं या ज़्यादा किराया चुका सकते हैं। मुझे याद है कि मैंने एक अपार्टमेंट किराए पर लिया था, जो ऑफ़िस से चंद मिनटों की दूरी पर था। अच्छी जगह के कारण मुझे ज़्यादा किराया चुकाना पड़ा और कुछ दूसरे ख़र्चों में कटौती करनी पड़ी। लगभग वैसा ही अपार्टमेंट किसी दूसरे इलाक़े में सस्ते किराए पर मिल रहा था, लेकिन वह ऑफ़िस से ज़्यादा दूर था। अपने करियर में बाद में मुझे एक मकान ख़रीदना याद है, जो ऑफ़िस के बहुत क़रीब था। वह मकान पुराना था और उतना अच्छा नहीं था। उतनी ही राशि में मैं दूर कहीं ज़्यादा अच्छा मकान ख़रीद सकता था, लेकिन मैंने परिवार वालों और साथियों के ऐसा करने के दबाव को ठुकरा दिया।

तो इससे मुझे कैसे लाभ हुआ? अगर आप उस लाभ को देखें, जो 20 से ज़्यादा साल से ऑफ़िस के क़रीब रहने से मुझे मिले हैं, तो चक्रवृद्धि प्रभाव भारी रहे हैं। मेरे कई मित्र हैं, जो ऑफ़िस से बहुत दूर रहते हैं। 20 साल के दौरान उनमें से कुछ की गंभीर दुर्घटनाएँ हुई हैं, जिनमें उनकी कार तबाह हो गई और उनकी सुरक्षा पर आँच आई।

यथासंभव सार्वजनिक यातायात का उपयोग करना भी एक विकल्प है, जो निजी यातायात की तुलना में ज़्यादा सुरक्षित और सस्ता है। बहरहाल, ज़्यादातर बड़े शहरों में सार्वजनिक यातायात धीमा, भीड़ भरा और असुविधाजनक है। जब मैं मुंबई में था, तो मैं हर दिन सुबह 7.30

और 7.45 के बीच ट्रेन पकड़ लेता था। आधा घंटे बाद ट्रेन भर जाती थी। 7.30 पर निकलकर मैं भीड़ से बच जाता था। मैंने यात्रा करने का अपना समय इस तरह चुना, जब बाक़ी लोग कम यात्रा कर रहे हों।

ज़्यादातर लोग तब ऑफ़िस जाते हैं, जब यात्रा करना सबसे कम कार्यकुशल होता है। ज़्यादा जल्दी ऑफ़िस पहुँचकर मैं भीड़ से बच जाता था। इसमें अमूमन कम समय लगता था। मुझे कम तनाव होता था और मैं ज़्यादा सुरक्षित रहता था।

दूसरा लाभ यह था कि सार्वजनिक यातायात में शांत समय का इस्तेमाल करके मैं पढ़ भी सकता था। अब मैं शैक्षणिक ऑडियो सुनता हूँ। मैं अपने समय का उपयोगी इस्तेमाल करता हूँ।

शेयर बाज़ार में निवेश करना

1990 के दशक की शुरुआत में सुधारों के बाद से भारत के शेयर बाज़ार ने कंपनियों को अपने शेयर बेचकर पूँजी जुटाने के भारी अवसर दिए हैं। 1990 के दशक से पहले मेरे माता-पिता शेयर बाज़ार में आसानी से निवेश नहीं कर सकते थे। आम लोगों और पेशेवरों द्वारा शेयर बाज़ार में कुल सहभागिता सीमित थी। इंटरनेट और कम लागत की ख़रीद-फरोख़्त की सुविधा के साथ कई लोग शेयर बाज़ार में सक्रिय भागीदार (डे ट्रेडर) बन गए।

1993 के वसंत में युनिवर्सिटी ऑफ़ मिशिगन में एम.बी.ए. के मेरे अंतिम सेमेस्टर में मैंने 'निवेश' नामक तीन क्रेडिट की क्लास में नाम लिखाया। प्रोफ़ेसर माइकल राइट, पीएच.डी. इस क्लास को शाम 6 से 9 पढ़ाते थे, सप्ताह में एक बार हर बुधवार को। प्रोफ़ेसर राइट सभी एम.बी.ए. विद्यार्थियों को बताते थे कि कक्षा का उद्‌देश्य शेयर बाज़ार की पृष्ठभूमि में 'नीचे ख़रीदना और ऊपर बेचना' है। प्रोफ़ेसर राइट ने बताया कि शेयर बाज़ार में नीचे ख़रीदना और ऊपर बेचना बेहद मुश्किल होता है। सबसे सक्रिय निवेशक पचास प्रतिशत बार भी नीचे ख़रीदने और ऊपर बेचने में कामयाब नहीं हो पाते हैं। उन्होंने दावा किया कि अगर हम 50.1 प्रतिशत बार भी नीचे ख़रीदने और ऊपर बेचने में कामयाब हो

जाएँ, तो कुछ ही समय में अरबपति बन जाएँगे। सबसे सक्रिय निवेशक शेयर बाज़ार में पैसा नहीं कमा पाते हैं, इसका कारण यह है कि वे शेयर व्यापार के बेहद जानकार पेशेवर खिलाड़ियों के साथ प्रतिस्पर्धा कर रहे हैं। व्यक्तिगत निवेशक के रूप में हम हार जाते हैं।

अपने एम.बी.ए. प्रोग्राम के दौरान मैंने यह भी सीखा कि जोखिम और मुनाफ़े में बहुत क़रीबी संबंध होता है। निवेशक के रूप में पूँजी गँवाने के जोखिम के बिना फ़िक्स्ड डिपॉजिट की तुलना में ज़्यादा ऊँचा मुनाफ़ा पाना संभव नहीं है। 1980 के दशक के अंत में कई समुदाय, जिनमें मारवाड़ी और गुजराती शामिल थे, हर महीने 3 फ़ीसदी ब्याज पर लोगों को कर्ज़ देते थे (सालाना 36 प्रतिशत ब्याज पर)। इसकी तुलना में बैंक डिपॉज़िट हर साल 10-12 प्रतिशत ब्याज देते थे।

हालाँकि मेरे परिवार के सदस्यों के पास ऊँचे ब्याज के कर्ज़ देने के लिए पूँजी नहीं थी, लेकिन कई दूर के रिश्तेदार ऊँचे ब्याज पर कर्ज़ देते थे। चूँकि ये अनौपचारिक सौदे होते थे, इसलिए टैक्स का लाभ भी था। इनमें से कई कर्ज़दारों को यह अहसास ही नहीं था कि यह ऊँचे जोखिम वाला कर्ज़ है।

मेरे एक स्वर्गीय मामाजी कपड़ों के व्यापार में थोड़ी पूँजी कमाने के बाद साहूकार बन गए। मामाजी ऊँचे जोखिम और ऊँचे ब्याज वाले कर्ज़ के जोखिम को समझते थे। उन्होंने मुझसे ज़िक्र किया था कि बिना गिरवी के उधार लेने वाला व्यक्ति आसमान छूती ब्याज दर के लिए भी राज़ी हो जाएगा, अगर उसका पूँजी और ब्याज लौटाने का कोई इरादा न हो। जब न चुकाने के जोखिम को ध्यान में रखा जाता है, तो शायद इन बहुत-से तथाकथित 'सूदखोरों' ने दरअसल बैंक के फ़िक्स्ड डिपॉज़िट से बहुत ज़्यादा पैसा नहीं कमाया।

सामाजिक बातचीतों में एक बार जब मैंने पैसे उधार देने वाले अपने दूर के रिश्तेदारों से पूछा, तो उन्होंने स्वीकार किया कि उनके ऊँचे ब्याज के कई लोन आज तक कभी नहीं पटे। उन्होंने अपनी सारी पूँजी गँवा दी। अगर मैं उनके साथ बैठकर उनको मिले मुनाफ़े की दर का हिसाब लगाता, तो यह गारंटीड बैंक ब्याज दर से थोड़ी ही ज़्यादा होती।

तो अगला सवाल है, पैसे का निवेश कैसे और कहाँ करें? अगर हमारे पास टैक्स के लाभ वाली पी.पी.एफ़. योजना में अधिकतम निवेश करने के बाद भी पैसा बचता है, तो मैं शेयर बाज़ार और बॉन्ड बाज़ार पर विचार करता हूँ।

ऐतिहासिक दृष्टि से, शेयर बाज़ार में निवेश पर लंबे समय में (20 साल से अधिक) सबसे ज़्यादा मुनाफ़ा मिलता है। सार्वजनिक क्षेत्र और निजी क्षेत्र की कंपनियों द्वारा जारी कर्ज़ या डिबेन्चर्स (बॉन्ड) शेयर बाज़ार की तुलना में कम जोखिम और कम मुनाफ़ा प्रदान करते हैं।

हाल ही में मैं अपनी टीम के एक सदस्य के साथ निवेशों पर बातचीत कर रहा था। वह मुंबई युनिवर्सिटी से कंप्यूटर साइंस डिग्री लेने के बाद एम.ए.क्यू. सॉफ़्टवेअर के मुंबई ऑफ़िस में नियुक्त हुआ था। उसने दो साल तक हमारे साथ काम किया। फिर एम.बी.ए. करने के लिए वह हमारी कंपनी छोड़कर 2 साल के लिए चला गया। एम.बी.ए. पूरा करने के बाद वह प्रॉजेक्ट के नेतृत्व में मदद करने के लिए एम.ए.क्यू. सॉफ़्टवेअर में लौट आया।

अपने इंजीनियरिंग वर्षों के दौरान वह युवा इंजीनियरों के एक समूह में शामिल हो गया, जो शेयर बाज़ार से रोमांचित थे। हमारे मुंबई ऑफ़िस के कई इंजीनियरों की तरह ही वह भी अपने माता-पिता के साथ रहता था। फलस्वरूप वह पूरा वेतन शेयर बाज़ार में लगा सकता था। जब मैंने उससे शेयर बाज़ार के अनुभव पूछे, तो उसने स्वीकार किया कि उसने वहाँ पैसा गँवाया था। उसने बताया कि शेयरों का व्यापार करने वाले उसके मित्र तब तक ख़रीदते-बेचते रहते हैं, जब तक कि उनका सारा पैसा डूब नहीं जाता। जुए की तरह ही जब वे आगे होते हैं, तो उनके लिए जीती राशि लेकर दूर जाना मुश्किल होता है। शेयरों को ख़रीदना और लंबे समय तक रोककर रखना रोमांचक नहीं है। मुझे शक है कि ज़्यादा इंजीनियर शेयर बाज़ार के जाल से शायद ही बच सकते हैं।

प्रोफ़ेसर राइट ने सुझाव दिया था कि हमें शेयर बाज़ार के बारे में दीर्घकालीन (20 साल का) दृष्टिकोण रखना चाहिए। इसके बाद उन्होंने सुझाव दिया था कि हमें अपने 95 प्रतिशत पैसे का निवेश कम लागत वाले

स्टॉक इंडेक्स फ़ंड में करना चाहिए। कम लागत इसलिए महत्त्वपूर्ण है, क्योंकि कई फ़ंड हाउस म्यूचुअल फंड्स ख़रीदने और बेचने के लिए ब्रोकर या निवेश परामर्शदाता को भुगतान करते हैं। प्रोफ़ेसर राइट ने चेतावनी दी थी कि इंडेक्स फ़ंड वाली नीति बहुत उबाऊ होती है, क्योंकि इसमें हमें केवल औसत लाभ होता है। बहरहाल, कई सक्रिय शेयर व्यापारी शेयर बाज़ार का औसत लाभ भी नहीं कमा पाते हैं। उन्होंने सुझाव दिया था कि मज़े और रोमांच के लिए हम सक्रिय शेयर व्यापार में अपनी निवेश पूँजी के सिर्फ़ 5 प्रतिशत हिस्से का ही उपयोग करें। प्ले मनी के रूप में अपनी सिर्फ़ 5 प्रतिशत राशि का ही इस्तेमाल करें।

अमेरिका में वैनगार्ड बहुत कम लागत का एस ऐंड पी 500 स्टॉक इंडेक्स फ़ंड चलाता है। भारत में भी कम लागत वाले कई इंडेक्स फ़ंड ऑनलाइन ख़रीदे जा सकते हैं। अपने करियर में मैंने हमेशा कम लागत के म्यूचुअल फ़ंड्स में निवेश किया है और शेयर ख़रीदने-बेचने से बचा हूँ। चढ़ते शेयर बाज़ार में हर निवेशक ख़ुद को जीनियस मान लेता है। मैंने पिछले 25 सालों में जो शेयर ख़रीदे-बेचे, काश मैंने ऐसा न किया होता। मैं बाज़ार में सही समय चुनने में कामयाब नहीं होता हूँ। जब मैं शेयर ख़रीदने और बेचने के अपने चुने हुए समय की तुलना करता हूँ, तो मैं सोचता हूँ कि मैं स्टॉक मार्केट इंडेक्स फ़ंड में कम जोखिम के साथ ज़्यादा आगे रहता।

फलस्वरूप 2000-2001 और 2008-2009 की पिछली दो गंभीर आर्थिक मंदियों में मैं शांति से सो पाया। मैं बाज़ार गें सक्रिय प्रतिभागी नहीं हूँ। मैंने कोई शेयर या इंडेक्स फ़ंड्स न तो ख़रीदे, न ही बेचे। मैंने सिटीबैंक के कुछ शेयर उस क़ीमत पर ख़रीदे, जिसे ज़्यादातर लोग 'कौड़ियों के मोल' वाला भाव कह रहे थे। सिटीबैंक के शेयरों का भाव और भी कम हो गया, यानी अब वे और ज़्यादा 'कौड़ियों के मोल' मिल रहे हैं। मैंने बाज़ार में सही समय चुनने की कोशिश में पैसा गँवा दिया। कुल मिलाकर, मैं बाज़ार को उसकी दिशा में चलने देता हूँ। लंबे समय में मैं आगे रहता हूँ और तनावरहित भी। मैं शेयर बाज़ार के बजाय अपने पेशे पर ध्यान करता हूँ। मुझे अहसास हो चुका है कि शेयर बाज़ार में

बिलकुल सही समय चुनना बहुत मुश्किल है और हममें से ज़्यादातर इस तरह समय नहीं चुन सकते, ताकि हम 'नीचे ख़रीदें और ऊपर बेचें।' इतने बरसों में मैंने निवेश कक्षा के सबक़ों पर विचार किया है। प्रोफ़ेसर राइट ने सही कहा था। मुझे खुशी है कि मुझमें उनके शोध का अनुसरण करने का अनुशासन था।

1975 में चार्ल्स डी. एलिस ने लिखा था कि निवेश हममें से ज़्यादातर लोगों के लिए 'पराजित का खेल' है। हमारे परिणाम सफलताओं के बजाय ग़लतियों से ज़्यादा तय होते हैं। इस लेख में एलिस ने टेनिस की उपमा दी थी। उन्होंने बताया कि पेशेवर टेनिस खिलाड़ी अपने 80 प्रतिशत पॉइंट श्रेष्ठ योग्यता के ज़रिये जीतते हैं। शौकिया टेनिस खिलाड़ी अपने लगभग 80 प्रतिशत पॉइंट ग़लतियों के कारण गँवाते हैं। शौकिया टेनिस पराजित का खेल है, क्योंकि जो व्यक्ति सबसे कम ग़लतियाँ करता है, वही जीतता है।[28,29]

मेरे जैसे ज़्यादातर लोग सिर्फ़ औसत बैडमिंटन खिलाड़ी हैं। अगर मैं अपने सहकर्मी को अपने साथ बैडमिंटन खेलने के लिए आमंत्रित करूँ, तो हम दोनों के ही औसत खिलाड़ी होने की संभावना है। मैं बस कुछ कम ग़लतियाँ करके खेल जीत सकता हूँ। हममें से ज़्यादातर औसत खिलाड़ी अपनी ग़लतियों की वजह से बैडमिंटन मैच हारते हैं। विजेता इसलिए नहीं जीतता है, क्योंकि वह बेहतरीन शॉट मारता है।

परंतु यूएस ओपन टेनिस टूर्नामेंट या राष्ट्रीय बैडमिंटन टूर्नामेंट जीतने के लिए ग़लतियों से बचना ही काफ़ी नहीं होता। विजेता को बेहतरीन शॉट भी मारने होते हैं।

हममें से ज़्यादातर शौकिया निवेशक (औसत खिलाड़ी) हैं, इसलिए हम अपने सबसे बड़े शत्रु स्वयं हैं। हम निवेश अवसरों का उपयोग खुद को बुरी तरह चोट पहुँचाने के लिए करते हैं। यदि हम पर्याप्त लंबा खेलते हैं, तो हम अंततः ग़लतियाँ करेंगे। हमें अपने निवेश जीवन में ग़लतियों के प्रभाव और आकार को न्यूनतम करना आवश्यक है। यही नीति जीवन और कंपनी के प्रबंधन में लाभकारी होती है।

ग़लतियों के बारे में सुनते ही हममें से अधिकतर पंगु हो जाते हैं और निवेश से घबराने लगते हैं। हम नहीं चाहते कि हम मेहनत से कमाया पैसा गँवा दें। हम ग़लतियों से डरते हैं। इसलिए हम शेयर बाज़ार के लुढ़कने का इंतज़ार करते हैं। फिर हम वे शेयर ख़रीदते हैं, जो सुर्ख़ियों में होते हैं (थोड़े समय पहले के रिटेल, आई.टी., रियल इस्टेट और एयरलाइंस)। हम हमेशा सुनते हैं, 'इस बार यह अलग है।' जीवन भर मैं बेहद लोकप्रिय शेयरों से बचा हूँ। इस कारण मैं कुछ विजेता आई.पी.ओ. में निवेश करने से चूक गया (मान लें गूगल)। लेकिन दूसरी ओर, मैंने कई ऐसी कंपनियों में निवेश न करके पैसा बचा लिया, जिन्हें निश्चित विजेता माना जा रहा था।

तो अगला सवाल यह है कि मुझे कम लागत का स्टॉक इंडैक्स फ़ंड कब ख़रीदना चाहिए? क्या निवेश करने से पहले मुझे शेयर बाज़ार के नीचे जाने का इंतज़ार करना चाहिए? या मैं शेयर बाज़ार में सही समय कैसे चुन सकता हूँ, ताकि मैं म्यूचुअल फ़ंड को सबसे कम भाव पर ख़रीदूँ?

युनिवर्सिटी ऑफ़ मिशिगन बिज़नेस स्कूल के मेरे प्रोफ़ेसरों ने अमेरिका में निवेशकों के इन सवालों पर शोध किया। उन्होंने दर्शाया कि शेयर बाज़ार साल में सिर्फ़ कुछ ही दिन ऊपर चढ़ता है। अगर हम उन दिनों में शेयर बाज़ार में निवेशित नहीं हैं, तो हमारे निवेश का मुनाफ़ा शेयर बाज़ार के औसत मुनाफ़े से कम होगा। दीर्घकालीन निवेशकों को वे सुझाव देते हैं कि वे बाज़ार के गिरने का इंतज़ार न करें, बल्कि बाज़ार की मौजूदा परिस्थितियाँ चाहे जैसी हों, तुरंत निवेश कर दें।

मुझे नहीं लगता कि भारत के शेयर बाज़ार पर भी ऐसा शोध किया गया है। मैं नहीं सोचता कि हममें से ज़्यादातर लोगों के लिए शेयर बाज़ार में सही समय का अनुमान लगाना संभव है।

मैं सिर्फ़ कम लागत के इंडेक्स म्यूचुअल फ़ंड्स में निवेश करता हूँ। मैं हर दिन अपने मुनाफ़े की जाँच नहीं करता हूँ। मैं जानता हूँ कि लंबे समय में मैं अच्छा प्रदर्शन करूँगा। जीवन के कुछ क्षेत्रों में उबाऊ बनना बेहतर है।

जीवन बीमा

अपने ज़्यादातर जीवन में मैं जीवन बीमा ख़रीदने से बचा हूँ। भारत में बीमा क्षेत्र पिछले दशक में निजी खिलाड़ियों को प्रवेश की अनुमति देकर खुल गया है। इनमें से कई निजी क्षेत्र की बीमा कंपनियों ने अमेरिकी बीमा कंपनियों के साथ टीम बना ली है, ताकि आकर्षक लगने वाली बीमा योजनाएँ पेश कर सकें। इससे पहले सरकारी स्वामित्व की बीमा कंपनियाँ (जैसे भारतीय जीवन बीमा निगम) बीमा योजनाएँ ला रही थीं, जिनके आयकर लाभ थे।

सामान्यतः मैं जीवन बीमे को इस तरह देखता हूँ कि यदि मेरी अप्रत्याशित मृत्यु हो जाए, तो उसके बाद मुझ पर आश्रित लोगों (पत्नी, बच्चों और माता-पिता) के ख़र्च चल सकें। चूँकि मैं आमदनी के लिए अपने छोटे बच्चों पर निर्भर नहीं हूँ, इसलिए मैंने अपने बच्चों का जीवन बीमा कभी नहीं कराया। बीमा बेचने वाले लोगों को प्रशिक्षित किया गया है कि बच्चों के लिए बीमा बेचने की ख़ातिर बहुत भावनात्मक बिक्री तकनीकों का इस्तेमाल कैसे किया जाए। आम तौर पर यह बात बोली जाती है 'क्या आप अपने बच्चों से प्रेम नहीं करते हैं?' मैं अपने बच्चों से प्रेम करता हूँ। अगर उनकी मृत्यु हो जाती है, तो मैं नहीं चाहता कि बीमा कंपनी मुझे पैसों का भुगतान करे।

बीमा उद्योग अलग-अलग स्थितियों में लोगों की अलग-अलग आवश्यकताओं को पूरा करने के लिए ढेर सारे प्रॉडक्ट प्रदान करता है।

बहुत आसानी से मैं निम्न बातों को समझता हूँ :

- टर्म लाइफ़ इंश्योरेंस में मासिक या वार्षिक क़िस्तें चुकाने की आवश्यकता होती है। यदि मैं बीमित अवधि, मान लें 65 साल, में मर जाऊँ, तो मेरी पत्नी और बच्चों को एक निश्चित राशि मिलेगी (मान लें पचास लाख रुपए)। यदि मैं बीमित अवधि में नहीं मरता हूँ, तो मुझे कोई पैसा नहीं मिलेगा। चूँकि अनुमानित जीवनकाल 50 वर्ष से ज़्यादा होता है, इसलिए शुद्ध बीमे का यह रूप बहुत सस्ता होता है (आम तौर पर महीने में कुछ सौ रुपए)।

- पर्मनेन्ट लाइफ़ इंश्योरेंस टर्म लाइफ़ इंश्योरेंस तथा बचत योजना का मिश्रण है। बीमा कंपनी को हमारे भुगतानों में टर्म लाइफ़ इंश्योरेंस के हिस्से का प्रीमियम शामिल होता है और बचत या निवेश वाले हिस्से पर कम ब्याज मिलता है। यह एक मिश्रित प्रॉडक्ट है।

  इस योजना में, अगर मैं नहीं मरता हूँ, तो मुझे 65 साल की उम्र में कम ब्याज वाले बचत ख़ाते से निश्चित राशि मिलेगी। यदि मैं पॉलिसी की परिपक्वता अवधि की तारीख़ से पहले, मान लें मेरे 50वें जन्मदिन, से पहले मर जाता हूँ, तो मेरे आश्रितों को टर्म लाइफ़ इंश्योरेंस वाले हिस्से से पूरी बीमित राशि मिलती है। बीमा एजेंट एक ही भुगतान में मिश्रित प्रॉडक्ट बेच रहे हैं। इस निवेश में ब्याज की दर लगभग 3-4 प्रतिशत ही होती है (यानी फ़िक्स्ड डिपॉज़िट स्कीम का लगभग आधा)।

बीमा कंपनियों द्वारा बेचे जाने वाले ज़्यादातर प्रॉडक्ट इन्हीं दो तरीक़ों के मिश्रण को व्यक्तिगत स्थितियों पर लागू करते हैं।

जब मैंने जीवन बीमा ख़रीदा, तो मैंने बहुत कम लागत का टर्म लाइफ़ इंश्योरेंस प्लान ही ख़रीदा, जो मेरे नियोक्ताओं द्वारा ग्रुप रेट प्लान के रूप में दिया गया था। मैंने कम ब्याज वाली निवेश योजना (पर्मनेन्ट लाइफ़ या होल लाइफ़) ख़रीदने के लिए जीवन बीमा कंपनी का उपयोग नहीं किया। बहरहाल, नियोक्ता योजनाओं के साथ जोखिम यह रहता है कि अगर बाद में हमारी नौकरी चली गई (मान लें, 45-50 साल की उम्र में) और हम बीमार हो गए, तो हो सकता है कि टर्म लाइफ़ इंश्योरेंस ख़रीदने का विकल्प ही न रहे। कई बीमा कंपनियाँ बीमार लोगों को तार्किक दाम पर बीमा नहीं बेचती हैं। मैंने इसे बेहतर पाया कि मैं व्यक्तिगत रूप से कम लागत का टर्म लाइफ़ इंश्योरेंस ख़रीदूँ। मैंने जो प्लान ख़रीदा, उसमें मैंने यह नहीं माना था कि नियोक्ता का विकल्प हमेशा उपलब्ध रहेगा।

मैं महँगे पर्मनेन्ट जीवन बीमा ख़रीदने से बचता हूँ (कम ब्याज के निवेश विकल्प के साथ) और बचे पैसे का इस्तेमाल ज़्यादा ब्याज वाले

निवेशों में कर देता हूँ। मेरी पत्नी मेरी आमदनी के बिना जीना गवारा कर सकती थी, क्योंकि वह भी काम करती थी। कम लागत के टर्म लाइफ़ इंश्योरेंस में बीमा सेल्सपर्सन को बहुत कम मुनाफ़ा और आमदनी होती है। इसलिए वे कम लागत वाला टर्म लाइफ़ इंश्योरेंस बेचने के अनिच्छुक होते हैं।

हममें से कई जोखिम और अप्रिय स्थितियों से बचने की कोशिश करते हैं। इसलिए अगर आप प्रति माह कुछ सौ रुपयों में टर्म लाइफ़ इंश्योरेंस ख़रीदना चाहें, तो रेलिगेयर जैसे कम लागत वाले ऑनलाइन टर्म लाइफ़ इंश्योरेंस प्रोवाइडर का इस्तेमाल करने के बारे में सोचें।

अपने सेल्स कमिशन को बढ़ाने के लिए, जो शुरुआती प्रीमियम के 50 प्रतिशत तक हो सकता है, बीमा एजेंट कमज़ोर निवेश योजनाओं को बेचने में बहुत प्रभावी सेल्स तकनीकों का इस्तेमाल करते हैं। ये मिश्रित योजनाएँ कम ब्याज देती हैं और कम लागत वाले टर्म इंश्योरेंस को पैकेज के हिस्से के रूप में शामिल करती हैं। मैं अपने दम पर कम लागत का टर्म लाइफ़ इंश्योरेंस ख़रीद सकता हूँ। मुझे किसी बीमा एजेंट की ज़रूरत नहीं है कि वह मुझे ऐसे निवेश बेचे, जो बाज़ार की दर से आधा मुनाफ़ा देते हों।

स्वास्थ्य बीमा

हम अपने सभी कर्मचारियों को पर्याप्त स्वास्थ्य बीमा कराने के लिए प्रोत्साहित करते हैं। पिछले 7 सालों में कई सार्वजनिक और निजी कंपनियों ने कई नई स्वास्थ्य बीमा योजनाएँ बाज़ार में उतारी हैं। हमारी कंपनी भारत में समूह स्वास्थ्य बीमा योजना प्रदान नहीं करती है। हालाँकि कर्मचारियों के लिए समूह स्वास्थ्य बीमा योजनाओं के लाभ हैं, इसलिए हमारी कंपनी कर्मचारियों द्वारा स्वास्थ्य बीमा ख़रीदने के लिए उन्हें पर्याप्त प्रतिपूर्ति करने का विकल्प चुनती है। कर्मचारी अपना खुद का स्वास्थ्य बीमा ख़रीदें, इसके लिए हम उन्हें अलग-अलग प्रकार के बीमों के बारे में जानकारी देते हैं। मैं महसूस करता हूँ कि उनके करियर के अगले 40 वर्षों में स्वास्थ्य बीमा के लाभों से उन्हें तथा उनके परिवारों को मदद मिलेगी।

मैंने कई लोगों को आर्थिक मुश्किल में देखा है, क्योंकि उन्होंने स्वास्थ्य बीमा ख़रीदने की उपेक्षा की थी।

पैसे से जुड़ी आदतों की जाँचसूची

दैनिक

- क्या यह ख़र्च सचमुच ज़रूरी है?
- घर से भोजन लाकर पैसे बचाएँ
- क्या यह एक उत्पादक व्यय है?
- ऑफ़िस के क़रीब रहें

मासिक

- अपनी तनख़्वाह के चेक की राशि की सटीकता से जाँच करें
- अपने बैंक स्टेटमेंट की समीक्षा करें
- अपने क्रेडिट कार्ड स्टेटमेंट की समीक्षा करें
- मासिक बजट की समीक्षा करें
- पी.पी.एफ़. की क़िस्त जमा करें

वार्षिक

- सिर्फ़ एक बैंक अकाउंट और एक क्रेडिट कार्ड का इस्तेमाल करें
- अपने टैक्स रिटर्न की समीक्षा करके पता लगाएँ कि टैक्स कहाँ बचाया जा सकता है
- फ़ॉर्म 16 और इन्कम टैक्स रिटर्न की प्रतियाँ सँभालकर रखें

6

अंतिम विचार

'सफल लोगों और बहुत सफल लोगों के बीच का फ़र्क़ यह है कि बहुत सफल लोग लगभग हर चीज़ के लिए "नहीं" कह देते हैं।'

-वॉरेन बफ़े
निवेशक और परोपकारी

जब मैंने अनुभव और आत्मविश्वास हासिल किया, तो मैंने ज़्यादातर बार 'नहीं' कहना सीख लिया। देखिए, अगर मैं किसी आमंत्रण को 'नहीं' कहता हूँ, तो इसका मतलब है कि मैं किसी दूसरी चीज़ को 'हाँ' कह रहा हूँ। कुछ समय पहले मेरे पास एक पेशेवर फुटबॉल मैच को स्टेडियम जाकर देखने का विकल्प था, जिसमें आने-जाने को मिलाकर 4 घंटे लग जाते। इसके बजाय मैंने घर पर सुकून से रहने और परिवार के साथ डिनर के लिए बाहर जाने का चयन किया।

रविवार को मैंने लगभग एक घंटे तक एक मित्र के साथ टहलने जाने का विकल्प चुना। टहलने के दौरान मैंने सामाजिक रूप से उसके बारे में नवीनतम जानकारी हासिल की और उद्योग संबंधी मसलों पर भी बातचीत हुई। शारीरिक व्यायाम के अलावा मैंने खुद को पेशेवर दृष्टि से विकसित कर लिया। मेरे पास घर पर रुककर टीवी देखने का विकल्प था। अब जब मैंने ये गतिविधियाँ शुरू कर दी हैं, तो मैं अपने जैसी मानसिकता के दूसरे लोगों से मिल पाता हूँ, जो फ़िट रहना और पेशेवर विकास करना चाहते हैं।

युवा इंजीनियरों के साथ जब मैं बातचीत करता हूँ, तो उनमें से कई कहते हैं कि मैं निहायत नीरस जीवन का वर्णन कर रहा हूँ। आज मज़े करने और जीवन का आनंद लेने के बारे में क्या होगा?

बरसों तक *अनुशासित* अंदाज़ में मुख्य गतिविधियों पर ध्यान *केंद्रित* करने की वजह से मैं जीवन का आनंद लेने में समर्थ हुआ हूँ। जब तक मैं अनुशासित और एकाग्र नहीं बना, तब तक मैं अपने जीवन की अगली अवस्था पर नहीं पहुँच पाया। हर बार जब मुझे बदलना पड़ा, तो शुरुआत में यह मेरे लिए बहुत मुश्किल था। मगर जब मैंने इसका अभ्यास किया, तो मेरा मानसिक और शारीरिक प्रतिरोध ग़ायब हो गया।

लोग ज़ोर देते हैं कि जीवन में आपको अपने सच्चे जोश और उद्देश्य का अनुसरण करने की ज़रूरत होती है। यदि मैं ज़्यादातर लोगों जैसा हूँ, तो मुझे ज़रा भी अंदाज़ा नहीं है कि मेरा 'सच्चा उद्देश्य' क्या है। इससे भी बुरी बात, मैं तो यह भी नहीं जानता कि जीवन में अपने जोश या उद्देश्य को कैसे खोजा जाए। मेरी राय में सफल लोग उस नौकरी से प्रेम करने का चुनाव करते हैं, जहाँ वे काम कर रहे हैं। जब हम जीवन में अपने जोश और उद्देश्य के मिलने का इंतज़ार कर रहे हैं, तो हमारे पास आज जो भी नौकरी है, हमें उसके बारे में जोशीले होने की ज़रूरत है।

लोग मुझे बहुत खुशक़िस्मत समझते हैं। *ग्रेट बाई चॉइस* में जिम कॉलिन्स ज़िक्र करते हैं कि *रिटर्न ऑन लक*[30] (क़िस्मत से हुआ मुनाफ़ा) क़िस्मत से ज़्यादा महत्त्वपूर्ण है। वे कहते हैं कि किसी ख़ुशकिस्मत घटना को तीन पैमानों पर खरा उतरना चाहिए। यह मेरे कार्यों से स्वतंत्र होनी चाहिए, इसके महत्त्वपूर्ण परिणाम होने चाहिए (अच्छे या बुरे) और यह अप्रत्याशित होनी चाहिए। मैं नहीं जानता कि मैं बाक़ी लोगों से ज़्यादा ख़ुशक़िस्मत था या नहीं, लेकिन निश्चित रूप से मुझे क़िस्मत पर ऊँचा मुनाफ़ा हुआ। हालाँकि मैं अच्छी क़िस्मत पर निर्भर नहीं रहा, लेकिन मैंने सामने आए विकास के अवसरों का भरपूर लाभ लिया।

जैसा इस पुस्तक में पहले बताया गया है, मेरे जीवन में कोई भी चीज़ तब तक नहीं बदलती, जब तक कि मैं काम न करूँ। मुझे उम्मीद है कि मेरी मिसालों को पढ़ने के बाद आप विकल्पों को *सोच-समझकर* चुनेंगे।

7

सात निर्णय

'जीवन में सबसे कठोर निर्णय अच्छे और बुरे या सही और ग़लत के बीच नहीं होते, बल्कि दो अच्छी या दो सही चीज़ों के बीच होते हैं।'

–जो ऐंड्रू
अमेरिकी नेता और वकील

जीवन भर मुझे विकल्प चुनने पड़े हैं। मेरे सभी निर्णय इन सात क्षेत्रों में शामिल हैं।

1. मैं क्या पढ़ूँ या किस पेशे का चुनाव करूँ?
2. मैं कहाँ रहने का चुनाव करूँ?
3. मैं किससे शादी करूँ?
4. मैं अपनी आमदनी कैसे ख़र्च करूँ?
5. मैं कितने बच्चों को जन्म दूँ?
6. मैं अपने स्वास्थ्य और आध्यात्मिकता की परवाह कैसे करूँ?
7. मैं दूसरों की मदद के लिए क्या करूँ?

इनमें से किसी भी सवाल का कोई *सही* या *ग़लत* जवाब नहीं है। अगर मैं कोई अलग जवाब चुनता, तो मेरा जीवन अलग होता। बेहतर

या बदतर नहीं, बस *अलग*। इनमें से कई निर्णय ऐसे हैं, जिन्हें बाद में बदला नहीं जा सकता।

हममें से ज़्यादातर लोगों को ये निर्णय तब लेने होते हैं, जब हमारी उम्र 18 से 30 के बीच होती है। ये सारे चयन समय और धन के अपर्याप्त तथा क़ीमती संसाधनों के उपयोग को प्रभावित करते हैं और इनका भारी चक्रवृद्धि प्रभाव होता है।

लोग मुझसे पूछते हैं, 'क्या कोई एक निर्णय है, जो बाक़ी छह से ज़्यादा महत्त्वपूर्ण हो?' एक अमेरिकी लेखक एच. जैक्सन ब्राउन जूनियर ने कहा था, 'अपना जीवनसाथी सावधानी से चुनें। इसी एक निर्णय से आपके 90 प्रतिशत सुख या दुख आएँगे।'

मेरे अनुभव में भी जीवनसाथी (पति या पत्नी) का चुनाव बाक़ी निर्णयों से ज़्यादा महत्त्वपूर्ण है। ज़्यादातर लोग उसी व्यक्ति के साथ 30 से 50 साल बिताते हैं। मेरी सोच, आदतें और निर्णय मेरे जीवनसाथी द्वारा प्रभावित होते हैं और वह उन्हें आकार देता है। यदि मेरी जीवनसाथी समय के साथ न सीखे और विकास न करे, तो मैं भी समय के साथ-साथ तरक्की नहीं कर पाऊँगा।

8

आभार

'मैं कहूँगा कि 'धन्यवाद' विचार का सर्वोच्च रूप है; और कृतज्ञता ही खुशी है, जो विस्मय द्वारा दोगुनी हो गई है।'

–गिल्बर्ट के. चेस्टरटन
अँग्रेज लेखक एवं कला समालोचक

'राष्ट्र की सेवा के लिए समर्पित' यह कथन आई.आई.टी. खड़गपुर के भव्य प्रवेश पर प्रमुखता से लिखा हुआ है। मैं जवाहरलाल नेहरू की प्रशंसा करता हूँ, जो उन्होंने ग्रामीण पश्चिम बंगाल की ब्रिटिश राज के अवशेष, हिजली जेल को पहले आई.आई.टी. में तब्दील कर दिया। मैं सोचता हूँ कि स्वतंत्रता के ठीक बाद ऐसे संस्थान हेतु राशि जुटाने के लिए नवस्वतंत्र देश को कितने त्याग करने पड़े होंगे। खड़गपुर में मेरे 5 साल में मैं कुछ बहुत प्रतिभाशाली लोगों के साथ बड़ा हुआ, जिनसे मैं अपने जीवन में कभी मिला हूँ। मैं अब भी आपमें से कई की प्रशंसा करता हूँ। आप सभी ने मुझे बहुत कुछ सिखाया, इसलिए आपको धन्यवाद। कई बार मैं यह सोचने लगता हूँ कि आपकी यात्रा कैसी रही होगी।

मैं अब भी अचरज करता हूँ कि मेरे शिक्षकों ने मुझे कैसे झेला, जब मैं लगभग असंभव दिख रही आई.आई.टी. जे.ई.ई. की तैयारी कर रहा था। मैं अपने 11वीं और 12वीं ग्रेड के जी.आई.सी. टीचर शिवशंकर त्रिपाठी का आभारी हूँ, जो उन्होंने मुझे गणित और भौतिकी में ट्यूशन दी। जे.ई.ई. की गूढ़ समस्याओं के साथ काम करने में आपके धैर्य के

बिना मैं आज शाहजहाँपुर में समृद्ध अपराधी क़ानून की वकालत कर रहा होता। मेरी जे.ई.ई. आकांक्षाओं के बारे में आपके साथी शिक्षकों के उचित संदेह के बावजूद आपने कभी मुझ पर शक नहीं किया। मैं आपको धन्यवाद देता हूँ।

मैं 9वीं और 10वीं ग्रेड के शिक्षक बुध बड़ा सिंह को भी धन्यवाद देता हूँ, जो आपने गणित और भौतिकी में मुझे ट्यूशन दी। मैं आपकी सराहना करता हूँ कि आपने मुझे विद्यार्थी के रूप में स्वीकार किया, हालाँकि उस साल आपको नए विद्यार्थियों को स्वीकार नहीं करना था। यह मेरे लिए बहुत मायने रखता था। मैं अब भी आपके किराए के कमरे को देख सकता हूँ, जहाँ आपकी चारपाई और लकड़ी की बेंच हमारी ट्यूशन में बड़े काम आती थी। मुझे याद है कि मैं अँधेरी सड़कों पर जाड़े में अपनी साइकल पर बैठकर आपकी सुबह 5 बजे की ट्यूशन क्लास में पहुँच जाता था, जब सूरज निकलता भी नहीं था। मेरी साइकल सवारी ठंड और सुबह की ओस के कारण ज़्यादा लंबी महसूस होती थी। चूँकि मेरे हाथ सुन्न और ठंड से लगभग अकड़े होते थे, इसलिए मुझे नहीं लगता कि मेरे होमवर्क पूरा करने के मामले में आपके दो फुट लंबे डंडे के मेरी हथेली से टकराने का मुझ पर कोई डर रहता था। जहाँ तक मुझे याद है, आपने ज़्यादातर दिन डंडे से मुझे बख़्शा था। जादुई तरीक़े से होमवर्क हर दिन पूरा हो जाता था। उस डंडे में जादू था। आज के दर्जनों डॉक्टरों और इंजीनियरों ने अपने हाई स्कूल के वर्षों में उस डंडे के जादू का अनुभव किया था। मैं सोचता हूँ कि क्या उस डंडे में आज भी उतना ही जादू है। मैं जानता हूँ कि आपके इरादे नेक थे।

वेबस्टर सिटी, आयोवा के सहाय परिवार को कोटि-कोटि धन्यवाद, जिन्होंने मुझे अपने बेटे की तरह माना और आयोवा में मेरे 5 वर्षों को मेरे जीवन का सर्वश्रेष्ठ हिस्सा बनाया। प्रेम नाथ सहाय, पीएच.डी. मेरे लिए पिता समान थे। चाचाजी, आपने मुझे सिखाया कि सीखना कभी व्यर्थ नहीं जाता। काश ईश्वर आपको इतनी जल्दी न बुलाता! मुझे आपकी कमी खलती है। उर्मिला सहाय, मेरी दूसरी माँ और चाचीजी, जिन्होंने इतनी सारी ख़ुशियाँ और मुश्किलें देखीं, जितनी मैंने किसी दूसरे को झेलते नहीं

देखा। मुझे आपकी शांति पर अचरज होता है। सहाय बच्चों को, जा अब सर्जन और डॉक्टर हैं तथा उनकी शादी हो चुकी है। मैं आप सभी पर विस्मय करता हूँ कि आपने पूर्व और पश्चिम के सर्वश्रेष्ठ को कितनी अच्छी तरह मिला दिया है।

सुभाष जीजाजी और सुषमा दीदी को, जिन्होंने मुझे अपना छोटा भाई माना। मैं आप दोनों की ऊर्जा और हर एक पर प्रेम बरसाने की आदत की प्रशंसा करता हूँ। आगे चलकर मैं आप जैसा बनना चाहता हूँ। मेरे स्वर्गीय अनिल जीजाजी को, जिन्होंने इतने छोटे जीवनकाल में इतना कुछ कर दिया - इलैक्ट्रिकल इंजीनियरिंग में डॉक्टरेट हासिल करने से दयावान चिकित्सक बनने तक; सबसे सुंदर मंदिरों में से एक को पूरा करने के लिए; पिल डिस्पेंसर एमडी2 मशीनों का आविष्कार करने और फ़िलिप्स को बेचने के लिए - आज के शुरुआती उद्यमी आपसे बहुत कुछ सीख सकते हैं। अपनी नूतन दीदी को, हमेशा हँसमुख रहने वाली सोशल डायरेक्टर।

वर्षा और दिलीप नायक को सच्चे मित्र होने के लिए और उस समर्थन के लिए, जो आपने मुझे और समुदाय के हर व्यक्ति को दिया।

संजीव रस्तोगी को वह बड़ा भाई बनने के लिए, जो मेरे पास नहीं था। आप और रजनी हमेशा हर एक की तरक्की के बारे में सोचकर मुझे चकित करते हैं।

सुषमा मौसीजी और सर्वेश मौसाजी को, मैं हर दिन आपके प्रेम और स्नेह के लिए आपके गुण गाता हूँ। मेरे सज्जन मामाजी और मंजू मामीजी को, जो मेरे जीवन की शुरुआत में मेरे रोल मॉडल थे। मैं हम सभी के प्रति आपके स्नेह की क़द्र करता हूँ।

मेरे माता-पिता राजेंद्र शरण अग्रवाल और दया अग्रवाल अब भी मुझे आश्चर्यचकित करते हैं कि उन्होंने हम चारों को शाहजहाँपुर में कैसे पाला-पोसा। हम चारों को टिअर-1 प्रोफ़ेशनल कॉलेजों में पढ़ाने का आपका संकल्प मुझे अचंभित करता है। आपने इतने ऊँचे मानदंड स्थापित किए हैं कि मुझे नहीं लगता कि मैं आपकी बराबरी कर पाऊँगा।

मेरे भाई संजीव अग्रवाल, एमडी और उनकी पत्नी छवि अग्रवाल,

एमडी को, जो अथक श्रम करके अपने चुने हुए चिकित्सकीय क्षेत्र में सर्वश्रेष्ठ बन गए हैं। आपका शांत स्वभाव मुझे हतप्रभ कर देता है।

धारावाहिक उद्यमी मेरे भाई पंकज अग्रवाल और उनकी पत्नी रीता अग्रवाल को मुझे वह सिखाने के लिए, जो कारोबारी जगत ने मुझे कारोबार के बारे में नहीं सिखाया। मैं इस बात पर हैरान होता हूँ कि आप इतनी सारी कंपनियाँ कैसे शुरू कर सकते हैं और वह भी बिना पैसे गँवाए। अच्छे मित्र होने और हमेशा ख़ुशमिज़ाज बने रहने के लिए आपको धन्यवाद। मैं आपसे बहुत कुछ सीखता हूँ।

मेरी बहन मुदिता और मेरे बहनोई मोहित गुप्ता को, जिन्होंने मुझे समझा और हर एक को साथ रखा।

मेरी ससुराल में विष्णु प्रकाश अग्रवाल और विनोद रानी अग्रवाल को, जो हमारे लिए वहाँ मौजूद थे। आपने मुझे सिखाया कि परवरिश कभी ख़त्म नहीं होती। विजय कुमार अग्रवाल और अजय कुमार अग्रवाल को शाहजहाँपुर के आर्य महिला इंटरमीडिएट कॉलेज के विज्ञान खंड को पूरा करने के संसाधन जुटाने के लिए। आपकी मदद की बदौलत ही 2,000 से ज़्यादा लड़कियों को गणित और विज्ञान पढ़ने का अवसर मिला। नमिता और राजेश जिवराजका को आपके स्नेह और परवाह के लिए। अपर्णा और मनेश गुप्ता को उनके समर्थन के लिए। आशीष और प्रेरणा को, आपकी परवाह और स्नेह के लिए।

मेरे दर्जन भर भतीजे-भतीजियों, भांजे-भांजियों को : दिशा, ऋषि, अभय, निखिल, अमित, अनुष्का, मलिका, आशना, ऐशना, नील, अनिका और मायरा। आप लगातार बेहतर प्रदर्शन करते जा रहे हैं। मुझे आपमें से हर एक पर गर्व है।

अर्पिता को, जो जीवन के काम और कारोबार के खेल में संगिनी और मेरी पत्नी है। मैं अब भी इस बात पर हैरान हूँ कि आपने मुझे क्यों चुना। मैं आपके नेतृत्व की प्रशंसा करता हूँ और इस बात को कि आप इस सबको कारगर बनाती हैं।

मेरे बच्चों जय राज और शेली रानी को, वह आलोचक बनने के

लिए जिनकी ज़रूरत मुझे धरती पर बने रहने के लिए है। मुझे उम्मीद है कि कुछ सालों में तुम मार्क ट्वेन की बात से सहमत होगे। उन्होंने कहा था, 'जब मैं 14 साल का लड़का था, तो मेरे पिता इतने अज्ञानी थे कि मैं उनके आस-पास रहना गवारा नहीं कर सकता था। लेकिन जब मैं 21 साल का हुआ, तो मैं इस बात पर आश्चर्यचकित हुआ कि इस आदमी ने 7 सालों में कितना कुछ सीख लिया था।' मैं सीखने पर काम कर रहा हूँ। तुम्हें मीलों जाना है।

मेरे सभी मित्रों और सहकर्मियों को, जिन्होंने इतने वर्षों में मेरा समर्थन किया। आपको धन्यवाद!

'प्रेरणा अकुशल लोगों के लिए होती है। बाक़ी लोग तो बस पहुँचते हैं और काम में जुट जाते हैं।'

–चक क्लोज़
अमेरिकी पेंटर

परिशिष्ट 1

संपूर्ण जाँच सूची

कैंपस से ऑफ़िस तक का सफ़र

- विभाग और कंपनी के बारे में सीखें
- कंपनी और शहर के भूतपूर्व छात्रों से बात करें
- कंप्यूटर साइंस के कोर विषयों की समीक्षा करें, जिनमें डाटा स्ट्रक्चर और डाटाबेस शामिल हैं

कार्य का प्रबंधन

- टेक्स्ट मैसेजिंग, मोबाइल फ़ोन, फ़ेसबुक, ट्विटर, ई-मेल का उपयोग दिन में केवल कुछ बार तक सीमित करें
- काम में भटकाव या मनबहलाव से बचें
- अगले 6 महीने से लेकर एक साल तक का शेड्यूल बनाएँ
- समय पर ऑफ़िस पहुँचें
- काम की अंत तक निगरानी करें
- टीम के मानदंडों का अनुसरण करें
- समय पर मीटिंग शुरू करें
- समय पर मीटिंग ख़त्म करें
- सिर्फ़ समस्याओं के नहीं, बल्कि समाधानों के साथ अपने बॉस के पास जाएँ
- बॉस की चुनौतियों में उनकी मदद करें

- समय से पहले आई.टी. विभाग को अपनी ज़रूरत बता दें
- कर्मचारी नियमावली को पढ़ लें

व्यक्तिगत प्रभावकारिता

- हर महीने उद्योग संबंधी दो पुस्तकें पढ़ें
- उद्योग की पत्रिकाएँ पढ़ें
- उद्योग के लेक्चर सुनें
- छुट्टियों की योजना छह महीने पहले से बनाएँ
- कंपनी के कार्यक्रमों में हिस्सा लें
- ट्रैफ़िक के व्यस्त समय से बचें
- हर दिन 10 मिनट तक अँग्रेजी का अभ्यास करें - मौखिक भी और लिखित भी
- खाने के लिए उचित बर्तनों/साधनों का प्रयोग करें
- परम्परागत पोशाक पहनें
- मौसम के हिसाब से पोशाक पहनें
- जूते हमेशा पहनें
- औपचारिक पोशाक ख़रीदें
- 'आपको धन्यवाद' की मानसिकता रखें

स्वास्थ्यवर्धक आदतें

हर दिन

- मोबाइल ऐप्लिकेशन के ज़रिये अपनी गतिविधि की निगरानी करें
- हैल्दिफ़ाईमी के ज़रिये कैलोरियों की निगरानी करें
- घर पर खाएँ (यदि घर पर न रह रहे हों, तो अपना भोजन खुद बनाएँ)
- 8 गिलास पानी पिएँ
- हर दिन 8 घंटे सोएँ

हर सप्ताह

- हर दिन 20 मिनट तक सप्ताह में पाँच बार चलें (ऐरोबिक)
- सप्ताह में तीन बार योग करें या वज़न उठाएँ (प्रतिरोध प्रशिक्षण)

वार्षिक

- मेडिकल चेकअप, जिसमें डाइटिशियन से मिलना शामिल है
- दाँतों का चेकअप
- व्यक्तिगत स्वास्थ्य पर कम से कम एक पुस्तक पढ़ें
- हेल्थ वेबसाइट न्यूज़लेटर की सदस्यता की समीक्षा करें

पैसे से जुड़ी आदतें

दैनिक

- क्या यह ख़र्च सचमुच ज़रूरी है?
- घर से भोजन लाकर पैसे बचाएँ
- क्या यह एक उत्पादक व्यय है?
- ऑफ़िस के क़रीब रहें

मासिक

- अपनी तनख़्वाह के चेक की राशि की सटीकता से जाँच करें
- अपने बैंक स्टेटमेंट की समीक्षा करें
- अपने क्रेडिट कार्ड स्टेटमेंट की समीक्षा करें
- मासिक बजट की समीक्षा करें
- पी.पी.एफ़. की क़िस्त जमा करें

वार्षिक

- सिर्फ़ एक बैंक अकाउंट और एक क्रेडिट कार्ड का इस्तेमाल करें
- अपने टैक्स रिटर्न की समीक्षा करके पता लगाएँ कि टैक्स कहाँ बचाया जा सकता है
- फ़ॉर्म 16 और इन्कम टैक्स रिटर्न की प्रतियाँ सँभालकर रखें

परिशिष्ट 2

अनुशंसित पुस्तकें

पिछले 10 सालों में 50,000 से ज़्यादा बिज़नेस पुस्तकें प्रकाशित हुईं। इनमें से कई पुस्तकें पढ़ने में आसान हैं और कुछ ही घंटों में पूरी पढ़ी जा सकती हैं।

जब मैं मुख्य लीडरों से मिलता हूँ, तो अक्सर हम एक-दूसरे से पहला सवाल यह पूछते हैं, 'आप आजकल कौन-सी पुस्तक पढ़ रहे हैं?' दरअसल, यह नियोक्ता के रूप में इंटरव्यू लेते समय मेरे शुरुआती सवालों में भी होता है। उम्मीदवार कौन-सी पुस्तकें पसंद करते हैं या याद रखते हैं, उसकी सूची की समीक्षा करके मैं उसके बारे में बहुत कुछ जान लेता हूँ।

पुस्तकों की मेरी समीक्षा में मैंने 10 लेखक चुने, जिन्होंने इतने बरसों में मेरे विकास में मदद की। उनका बहुत सारा कार्य अनुभवसिद्ध शोध और कंपनियों के अध्ययनों पर आधारित है। एक कार्यकारी मैनेजर होने के नाते मुझे उनकी 'कैसे करें' नीति पसंद है और यह भी कि हम उनमें दिए सबक़ों को अपनी कंपनी में कैसे लागू कर सकते हैं।

यदि सिर्फ़ *एक* पुस्तक हो, जिसे पढ़ने की सलाह मुझे नवनियुक्त लोगों को हमारी कंपनी में शामिल होने से पहले देनी हो, तो यह है *द फ़र्स्ट 90 डेज़*, जिसे माइकल वॉटकिन्स ने लिखा है। इसका एक संशोधित संस्करण हाल ही में हार्वर्ड बिज़नेस स्कूल प्रेस ने निकाला है।

प्रबंधन

1. *गुड टु ग्रेट और/या बिल्ट टु लास्ट*[31] – जिम. कॉलिन्स

अगर आज केवल एक लेखक चुनना हो, जिसका प्रबंधन पर सबसे ज़्यादा प्रभाव पड़ा हो, तो यह जिम कॉलिन्स होंगे। उनकी पहली पुस्तक *बिल्ट टु लास्ट : सक्सेसफुल हैबिट्स ऑफ़ विज़नरी कंपनीज़* उन कंपनियों के लिए प्रासंगिक हैं, जो शुरुआती अवस्थाओं में हैं। इस बेहतरीन पुस्तक में कॉलिन्स बताते हैं कि कैसे दीर्घकालीन अनवरत प्रदर्शन की योजना बनाई जा सकती है। मैंने *गुड टु ग्रेट* को 2003 में पढ़ा था, जब यह पुस्तक प्रकाशित हुई थी। उस वक़्त हमारी कंपनी छोटी और युवा थी तथा हम व्यवसाय में टिके रहने के लिए जूझ रहे थे। 2003 में *गुड टु ग्रेट* में बताई गई अवधारणाएँ और विचार हमारी कंपनी की अवस्था से आगे के थे। 2007 में जब हमारी कंपनी का विस्तार हुआ, तो मैंने *गुड टु ग्रेट* को दोबारा पढ़ा। उनकी पुस्तक के कई विचार अब हमारे कार्यकारी सिद्धांत हैं। इन विचारों पर अनुशासित और निरंतर अंदाज़ में अमल करके हमने समय के साथ अपनी कंपनी का विकास किया है।

उनकी नवीनतम पुस्तक *ग्रेट बाई चॉइस* भी प्रासंगिक है और बहुत सफल कंपनियों के कई सहज बोध के विपरीत उदाहरण देती है। हम चाहते हैं कि हमारी कंपनी से जुड़ने वाले सभी नए एम.बी.ए. स्नातक *गुड टु ग्रेट टूल्स* की समीक्षा करें।

2. *द स्पीड ऑफ़ ट्रस्ट*[32] – स्टीफ़न एम. आर. कवी

हम इस पुस्तक का इस्तेमाल हमारी नेतृत्व टीम के लिए पिछले 5 सालों से कर रहे हैं, ताकि संगठन के भीतर विश्वास को बेहतर बनाया जा सके। स्टीफ़न एम. आर. कवी 12 तकनीकें बताते हैं, जिन्होंने टीम में मेरी प्रभावकारिता बढ़ाने में मदद की है। मुझे यह पुस्तक उनके स्वर्गीय पिता स्टीफ़न आर. कवी की *द सेवन हैबिट्स ऑफ़ हाइली इफ़ेक्टिव पीपल* की तुलना में ज़्यादा आसान लगी।

3. *हू : द ए मैथड फॉर हायरिंग*[33] – ज्यॉफ़ स्मार्ट और रैंडी स्ट्रीट

इस पुस्तक में लेखकद्वय नियुक्ति की 'ए' पद्धति बताते हैं। सफल नियुक्ति तकनीकों को समझने के लिए लेखकों ने 300 सी.ई.ओ और 20 अरबपतियों के साक्षात्कार लिए। मेरे अनुभव में कई कंपनियों के सफल नियुक्तिकर्ता इन नियुक्ति तकनीकों से परिचित हैं। एक और ज़्यादा बड़ी पुस्तक है *टॉपग्रेडिंग,* जिसे ज्यॉफ़ स्मार्ट के पिता ब्रैडफ़ोर्ड डी. स्मार्ट ने लिखा है, जो मशहूर और लंबे समय तक जी.ई. के सी.ई.ओ. रहे जैक वेल्च को सलाह देते थे। *टॉपग्रेडिंग* का भारतीय संस्करण कई बुकस्टोर में उपलब्ध है।

4. *फ़र्स्ट, ब्रेक ऑल द रूल्स : वॉट द वर्ल्ड्स ग्रेटेस्ट मैनेजर्स डू डिफ़रेंटली*[34] – मार्कस बकिंघम

इस पुस्तक हेतु लेखक ने 80,000 मैनेजरों का सर्वे यह समझने के लिए किया कि महान मैनेजरों में क्या समानताएँ होती हैं। एम.ए.क्यू. सॉफ़्टवेअर में हम इस पुस्तक की तकनीकों का अभ्यास कर्मचारी गुण को प्रदर्शन में बदलने के लिए करते हैं। इस पुस्तक से हम अपनी नियमित कर्मचारी बैठकों में राय पाने के लिए 12 सरल सवालों का इस्तेमाल करते हैं। मैंने इस पुस्तक के सबक़ों को हमारे टीम लीडरों और वरिष्ठ मैनेजरों के लिए उपयोगी पाया है। प्रदर्शन और करियर के कई अति महत्त्वपूर्ण सबक़ हैं, जिन्हें मैं हमारी कंपनी के संदर्भ में लागू कर पाया।

5. *पीपल स्टाइल्स ऐट वर्क*[35] – रॉबर्ट और डॉरोथी बोल्टन

द अमेरिकन मैनेजमेंट असोसिएशन फ़ॉर प्रैक्टिसिंग मैनेजरों द्वारा प्रकाशित यह पुस्तक चार प्रकार की कर्मचारी शैलियों का वर्णन करती है। हालाँकि मैं कई व्यक्तित्व परीक्षणों को देख चुका हूँ, जिनमें एम.बी.टी.आई. और डी.आई.एस.सी. शामिल हैं, लेकिन इस पुस्तक ने मेरे व्यवहार को समझने में मेरी मदद की और यह भी बताया कि मैं उसे अलग-अलग शैली के लोगों के अनुकूल कैसे बना सकता था।

हासिल किए गए ज्ञान का उपयोग हमारे पेशेवर और व्यक्तिगत संबंधों में करके हमने अपनी प्रभावकारिता बढ़ा ली है और मतों की

भिन्नताओं को ज़्यादा आसानी से सुलझाने में समर्थ हुए हैं।

6. *द फ़र्स्ट 90 डेज़*[36] – माइकल वॉटकिन्स

हम यह पुस्तक अपने सारे नए एम.बी.ए. स्नातकों और उद्योग से नियुक्त हुए अन्य लोगों को पढ़ाते हैं। लेखक माइकल वॉटकिन्स नेतृत्व परिवर्तन के विशेषज्ञ हैं। हालाँकि यह पुस्तक बड़ी कंपनियों के बहुत वरिष्ठ स्तर के एग्ज़ेक्यूटिव के लिए लिखी गई है, लेकिन यह हमारे नवनियुक्त कर्मचारियों को यह अहसास दिलाती है कि उन्हें हमारे काम के संदर्भ, हमारे ग्राहकों और हमारे लोगों को समझने में समय की ज़रूरत है और उन्हें आवश्यक सामंजस्य करने होंगे।

जैसा यह पुस्तक बताती है, पहले 6 महीनों में नवनियुक्त कर्मचारी बहुत कम सहयोग देता है। किसी नवनियुक्त कर्मचारी का आम योगदान पहले 90 दिनों में नकारात्मक होता है और दूसरे 90 दिनों में ही सकारात्मक क्षेत्र में प्रवेश करता है, यानी कि पहले 6 महीनों में उसका योगदान कुल मिलाकर शून्य होता है। लेखक लगातार ज़्यादा माँग करने वाले पेशेवर परिदृश्य को भी स्पष्ट करते हैं, जहाँ मैनेजरों का सामना बारम्बार होने वाले परिवर्तनों और बहुत ऊँची अपेक्षाओं से होता है।

हर अध्याय में जाँचसूचियाँ और आत्म-आकलन दिए गए हैं, ताकि पाठक मुख्य सबक़ों को अपनी स्थितियों के अनुसार लागू कर सकें।

7. *हाउ टु बी एन ईवन बैटर मैनेजर*[37] – माइकल आर्मस्ट्रॉन्ग

प्रबंधन और नेतृत्व पर लिखी ज़्यादातर पुस्तकों के विपरीत इस संक्षिप्त और कार्य केंद्रित पुस्तक में कई उपयोगी 'कैसे करें' तकनीकें दी गई हैं, जो हमारी कंपनी के सुपरवाइज़रों के लिए बड़े काम की हैं। मुझे सारे उद्योगों में समान व्यवहार के लिए वृहद सकारात्मक और नकारात्मक सूचकों से बहुत लाभ हुआ है।

कई कर्मचारी नियमित आधार पर फ़ीडबैक माँगते हैं। मैं आम तौर पर उन्हें सकारात्मक और नकारात्मक सूचक बता देता हूँ, जिनसे उन्हें खुद का आकलन करने में मदद मिलती है। मैं सूचकों का इस्तेमाल अपने

प्रदर्शन को बेहतर बनाने के लिए भी करता हूँ। मैंने इन सूचकों की मदद से लोगों को अपने ऐसे व्यवहार को पहचानते देखा है, जो उनके प्रदर्शन और कंपनी में विकास को सीमित कर रहे थे।

8. *इमोशनल इंटेलिजेंस 2.0*[38] – ट्रैविस ब्रैडबेरी

हम उन लोगों को नियुक्त करते हैं, जो बहुत बुद्धिमान हों (ऊँचा आई.क्यू., साथ ही इंजीनियरिंग और एम.बी.ए.-डिग्री का तालमेल) और जिनका प्रासंगिक भूमिका-संबंधी व्यक्तित्व (कार्यशैली) हो। वर्तमान सोच बताती है कि ज़्यादातर लोग आई.क्यू. के निश्चित स्तर के साथ पैदा होते हैं और यह जीवन भर नहीं बदलता है। इसी तरह, व्यक्तित्व के गुण भी जीवन में जल्दी ही प्रकट हो जाते हैं और वे भी नहीं बदलते हैं।

इस पुस्तक में हमारी इमोशनल इंटेलिजेंस (ई.क्यू.) को बेहतर बनाने की 66 तकनीकें शामिल हैं। अपने ई.क्यू. को बेहतर बनाने के लिए मैं हर तिमाही इस पुस्तक की समीक्षा करता हूँ। यह एक सरल और संक्षिप्त पुस्तक है, जिसमें ई.क्यू. को नापने के लिए एक ऑनलाइन टेस्ट भी है।

व्यक्तिगत

9. *यू : द ओनर्स मैनुअल*[39] – डॉ. ओज़

5 साल पहले मैंने इस पुस्तक को पहली बार पढ़ा था। इससे पहले मैं अपने मोबाइल फ़ोन के बारे में ज़्यादा जानता था और अपने शरीर के बारे में कम। इस पुस्तक ने मुझे अपने शरीर के बारे में बहुत-सी जानकारी दी। साथ ही भोजन, सामान्य बीमारियों और उनसे बचने के तरीक़ों के बारे में भी काफ़ी अच्छा ज्ञान प्रदान किया।

जैसे-जैसे मेरी उम्र बढ़ी, मैंने देखा कि मेरे मित्र हृदय रोग, डाइबिटीज़ और कैंसर के शिकार हो रहे हैं। दमा बहुत आम है, हालाँकि आम तौर पर यह हमारी जान नहीं लेता है। जब मैंने अपने जीवन के अगले 50 वर्षों के बारे में सोचना शुरू किया, तो मुझे अहसास हुआ कि मेरी फ़िट और स्वस्थ रहने की कोई योजना ही नहीं थी। जब मैंने किसी भी क्षेत्र के सफल लोगों पर निगाह डाली, तो मुझे अहसास हुआ कि वे

फ़िट भी थे और उनमें उच्च स्तर पर प्रदर्शन करने का दम-खम भी था। इसने अनुशासित बनने और जीवन की गुणवत्ता को बेहतर बनाने में मेरी मदद की। मैं अब ज़्यादा स्वस्थ जीवनशैली जीता हूँ।

10. *द सक्सेस प्रिंसिपल्स*[40] – जैक कैनफ़ील्ड

यह पुस्तक 64 सिद्धांत बताती है, जिन्होंने महान लीडर्स की आदतों और व्यवहारों को सीखने में मेरी मदद की। जैक कैनफ़ील्ड की सात पुस्तकें एक साथ बैस्टसेलर सूची में रही हैं, जो बहुत ही उल्लेखनीय बात है।

मेरे धारावाहिक उद्यमी भाई द्वारा सुझाई गई एक छोटी पुस्तक *द पावर ऑफ़ फ़ोकस* है, जो इसी लेखक द्वारा लिखी गई मेरी प्रिय पुस्तक है। इस पुस्तक में यह विचार दिया गया है कि ख़ुद को सफल और सकारात्मक लोगों से घेरे रहें (विषैले लोगों से बचें)। यह पुस्तक पढ़ने के बाद मैं सक्रियता से सकारात्मक मित्रों की तलाश करता हूँ।

परिशिष्ट 3

ई-मेल और आई.एम.

'इसे उनके सामने संक्षिप्त रूप से रखें ताकि वे इसे पढ़ लें, स्पष्टता से ताकि वे इसकी क़द्र करें, चित्रात्मक तरीक़े से ताकि वे इसे याद रखें, और सबसे बढ़कर सटीकता से रखें ताकि वे इसकी रोशनी से मार्गदर्शन पा सकें।'

–जोसफ़ पुलित्ज़र
अमेरिकी पत्रकार

ई-मेल और इंस्टेंट मैसेजिंग (आई.एम.) औपचारिक कारोबारी संप्रेषण के रूप हैं। सभी कंपनियाँ, जिनमें हमारी कंपनी भी शामिल है, सहकर्मियों और ग्राहकों के साथ संप्रेषण के लिए उनका इस्तेमाल करती हैं। मैं हमारे इंजीनियरों को हर प्रॉजेक्ट-संबंधी ई-मेल इस तरह लिखने को प्रोत्साहित करता हूँ, मानो यह ग्राहक के लिए तैयार हो और ग्राहक को फ़ॉरवर्ड किया जा सकता हो। आज ई-मेल और आई.एम. का उपयोग पेशेवर संवाद के लिए ठीक उसी तरह किया जाता है, जैसे आमने-सामने की कारोबारी मीटिंग या औपचारिक कारोबारी फ़ोन कॉल का किया जाता है।

जब मैं कॉलेज से स्नातक हुआ था, तब ई-मेल सामान्य सुलभ नहीं था और उद्योग में उसका व्यापक इस्तेमाल नहीं होता था। 1990 के दशक की शुरुआत में अगर मैं किसी को ई-मेल भेजता था, तो उसके ठीक बाद मैं उसे फ़ोन करके पुष्टि करता था कि उसने अपना ई-मेल बॉक्स देख लिया हो। इसके बाद मैं उससे पूछता था कि क्या उसे मेरा ई-मेल मिल

गया, क्योंकि ई-मेल हमेशा नहीं पहुँच पाते थे। पिछले 20 वर्षों में ई-मेल संप्रेषण का विश्वसनीय और सस्ता रूप बन गया है।

कई अन्य कंपनियों की तरह ही हमारी कंपनी भी अपने कामकाज में ई-मेल का बहुत इस्तेमाल करती है। नीचे दी गई बातों में मैं आधुनिक ई-मेल सिस्टम और माइक्रोसॉफ़्ट आउटलुक का इस्तेमाल पर्यायवाची के रूप में कर रहा हूँ। ज़्यादातर आधुनिक ई-मेल सिस्टम में लगभग समान सुविधाएँ होती हैं।

समय के साथ हमारे उद्योग ने अपनी ई-मेल संबंधी अपेक्षाएँ और व्यवहार विकसित कर लिए हैं। पिछले 20 सालों में पाँच लाख से ज़्यादा मैसेज भेजने और पाने में मैंने लगभग सभी आम ग़लतियाँ की हैं, जिनका उल्लेख नीचे किया गया है। बहरहाल, ई-मेल के इस्तेमाल को लेकर अलग-अलग कंपनियों की अलग-अलग संस्कृतियाँ होती हैं। उद्योग में शामिल होने वाले नए लोगों को, जिन्होंने कभी किसी टाइपराइटर का इस्तेमाल नहीं किया, यह अजीब लगता है कि आउटलुक ऐसे संक्षिप्त रूपों का इस्तेमाल करता है, जो सॉफ़्टवेअर-पूर्व के युग के हैं।

मेरी कुछ ग़लतियाँ और अनुभव यहाँ बताए गए हैं :

1. अपने ई-मेल मैसेज के 'टूः' - To वाले खंड में मैं केवल एक ही व्यक्ति का पता लिखने की कोशिश करता हूँ। वरना यह साफ़-साफ़ पता नहीं चलता है कि उस ई-मेल पर किसे काम करना है। पहले मैं 'टूः' वाले खंड में कई लोगों के नाम लिख दिया करता था और नतीजा यह होता था कि काम हो ही नहीं पाता था। जैसी पुरानी कहावत है, '*हर* किसी को यक़ीन था कि *कोई* इसे कर लेगा। *कोई* भी इसे कर सकता था, लेकिन *किसी* ने भी नहीं किया।' जब मैंने प्रगति पूछी, तो मालूम चला कि हर एक यही सोचकर चल रहा था कि कोई दूसरा इस पर काम कर रहा होगा। अब मैं यह मानकर चलता हूँ कि 'टू' लाइन का व्यक्ति ही मेरे मैसेज पर काम करने और प्रतिक्रिया करने के लिए जवाबदेह है।
2. 'सीसीः' - Cc लाइन अतिरिक्त प्राप्तकर्ताओं के नाम जोड़ने का अवसर

देती है। मैं 'सीसीः' लाइन में अतिरिक्त लोगों को जोड़ता हूँ (जिसका अर्थ है 'कार्बन कॉपी' और यह टाइपराइटर के ज़माने की शब्दावली है), ताकि 'किसी ने मुझे नहीं बताया' प्रतिक्रिया से बचा जा सके। मैं यह सुनिश्चित करता हूँ कि 'सीसीः' लाइन में ज़्यादा से ज़्यादा संभव प्राप्तकर्ताओं के नाम जोड़ दूँ, ताकि कोई समस्या या मेरे आग्रह में रुकावट का मुद्दा देखने पर हस्तक्षेप कर दें।

3. 'बीसीसीः' लाइन का मतलब है 'ब्लाइंड कार्बन कॉपी।' ब्लाइंड कॉपीइंग का अर्थ है कि मैं नहीं चाहता कि 'टू' लाइन और 'सीसीः' लाइन वाले लोगों को पता चले कि मैं यह ई-मेल किसी दूसरे को भेज रहा हूँ। जिन्हें मैं ब्लाइंड कॉपी करता हूँ, वे हैरान हो सकते हैं कि मैं दूसरे प्राप्तकर्ताओं को यह क्यों नहीं बताना चाहता कि मैंने उन्हें कॉपी भेजी है। इससे भी बुरी बात, जिस व्यक्ति को मैंने बीसीसी भेजी है, वह मेरे ई-मेल पर 'रिप्लाई ऑल' कर सकता है और किसी विवादास्पद या गोपनीय मुद्दे पर अपनी प्रतिक्रिया दे सकता है। मैंने यह सीखा है कि कभी भी 'बीसीसीः' लाइन का इस्तेमाल न करें। मैं अपनी कंपनी के हर व्यक्ति को 'बीसीसीः' लाइन का उपयोग करने से हतोत्साहित करता हूँ।

अगर मैं किसी को किसी मुद्दे के बारे में बताना ही चाहता हूँ, तो मैं उनका नाम 'सीसीः' लाइन में जोड़ देता हूँ। या फिर, मैं उन्हें मैसेज अलग से फ़ॉरवर्ड कर देता हूँ।

4. 'सब्जेक्ट' लाइन में मैसेज का उद्देश्य स्पष्ट करने का अवसर रहता है। मैं हर मैसेज को कर्मप्रधान बनाने के लिए प्रोत्साहित करता हूँ। मैं अपने इंजीनियरों से कहता हूँ कि वे अपने ई-मेल की सब्जेक्ट लाइन की शुरुआत किसी क्रिया से करें। सामान्य क्रियाओं में शामिल हैं - समीक्षा करें, अनुमोदन करें, जानकारी दें, अस्वीकार करें, भेजें, प्रदान करें और पुष्टि करें। सब्जेक्ट लाइन की शुरुआत में इन आसान क्रियाओं को रखने से भेजने वाला ई-मेल मैसेज के वांछित परिणाम के बारे में स्पष्टता से सोचने के लिए विवश होता है।

मिसाल के तौर पर, अगर मैं चाहता हूँ कि कोई अपनी रिपोर्ट शाम को 5 बजे तक दे, तो मेरी सब्जेक्ट लाइन होती है 'ज़रूरत है 5 बजे तक डिप्लॉयमेंट रिपोर्ट की।' मेरी सब्जेक्ट लाइन में यह नहीं लिखा होता 'रिपोर्ट।'

अगर ख़ाली सब्जेक्ट लाइन के साथ कोई मैसेज भेजा जा रहा हो, तो ज़्यादातर वर्तमान ई-मेल सिस्टम (जैसे, आउटलुक 2013) चेतावनी का संदेश देते हैं। ई-मेल मैसेजों में सब्जेक्ट लाइन को ख़ाली छोड़ देना नए लोगों की एक आम ग़लती है।

5. मैं ई-मेल पूरा तैयार करने के बाद ही टू, सीसीः, और सब्जेक्ट लाइन भरता हूँ, उससे पहले नहीं। अगर टू, सीसीः, और सबजेक्ट लाइन्स ख़ाली हैं, तो यदि मैं अपने ई-मेल मैसेज को पूरा टाइप करने तथा संपादित करने से पहले ग़लती से 'सेंड' बटन दबा भी दूँ, तो भी कोई नुक़सान नहीं होगा। ऐसा करने पर आउटलुक तुरंत चेतावनी दे देता है। यह चेतावनी मुझे अधूरे मैसेज भेजने से रोक देती है, जिससे मेरी छवि ख़राब हो सकती है।

6. ई-मेल सिस्टम में 'मैसेज प्रिव्यू' की सुविधा पहली तीन पंक्तियाँ (लगभग 40-50 शब्द) प्रदर्शित करती है, ताकि प्राप्तकर्ता को मैसेज खोलने की ज़रूरत न रहे। कई एग्ज़ेक्यूटिव को ढेर सारे मैसेज आते हैं। मैंने अपने ई-मेल का सार पहली तीन लाइनों में रखना सीखा, ताकि पाठक को ज़्यादा मेहनत करने की ज़रूरत न रहे और वह पूरा मैसेज पढ़ ले।

7. मैं अपने ई-मेल मैसेज सामने वाले के दृष्टिकोण से लिखता हूँ। यदि मैं मुलाक़ात का आग्रह भेज रहा हूँ, तो मैं समय को सामने वाले के टाइम ज़ोन में बदल देता हूँ, ताकि उसे गणित न करना पड़े। मिसाल के तौर पर, अगर मैं मुलाक़ात का समय बता रहा हूँ, तो मैं पहले सामने वाले का स्थानीय समय बताता हूँ। इसके बाद मैं अपना टाइम ज़ोन भी जोड़ देता हूँ, 11 बजे सुबह ई.एस.टी. (8 बजे सुबह पी.एस.टी.)। प्रायः मुझे न्यू यॉर्क (3 घंटे आगे) में रहने वाले लोगों से 11 बजे सुबह मिलने के आग्रह आते हैं। अब मैं

इससे चकरा जाता हूँ और मुझे एक मैसेज भेजकर मुलाक़ात के वास्तविक समय को स्पष्ट करना होता है। आउटलुक में मुलाक़ात के आग्रह सही टाइम ज़ोन को अपने आप बदल लेते हैं, बशर्ते कंप्यूटर को सही तरीक़े से निर्देशित कर दिया जाए।

कई बार हम अमेरिकी ग्राहकों को बताते हैं कि भारतीय समय के अनुसार काम कब तक पूरा हो जाएगा। मिसाल के तौर पर, हम किसी अमेरिकी ग्राहक को बता सकते हैं कि हमारा काम 5 बजे शाम आई.एस.टी. को पूरा हो जाएगा। ऐसे में हमारे ग्राहक को इसे अपने स्थानीय समय में बदलना होगा। ग्राहक के दृष्टिकोण से सोचकर यह अतिरिक्त काम हम ही कर देते हैं।

8. 'यदि आप नहीं चाहते कि यह कहीं पहुँचे, तो इसे ई-मेल में न लिखें' माइक्रोसॉफ़्ट की मेरे ग्रुप एडमिनिस्ट्रेटर की प्रिय कहावत थी। ई-मेल मेरे लिए नया था और मैं एक नया कर्मचारी था। उनकी बात सही थी। मेरे मैसेज ऐसे लोगों को फ़ॉरवर्ड होते थे, जिनकी मैं कल्पना भी नहीं कर सकता था। सही संदर्भ के बिना इनमें से कुछ मैसेजेस को पाठक ग़लत समझ सकते थे।

9. किसी भी तेज़ गति के उद्योग में लगभग हर समूह में हमेशा संघर्ष उत्पन्न होता है। मेरे एक शुरुआती बॉस कोई व्यंग्यात्मक या गुस्सैल ई-मेल भेजने के बजाय हमेशा मुझे संयम बरतने की सलाह देते थे। हालाँकि मैं हमेशा उनकी सलाह पर अमल नहीं करता था, लेकिन मैंने अपनी भावनाओं पर क़ाबू करना सीख लिया। जब मैं गुस्सा होता हूँ, तो मैं जवाब नहीं देता हूँ। एक बार जब मैं सेंड बटन दबा देता हूँ, तो उन शब्दों को वापस लौटाना मुश्किल होता है।

इस संदर्भ में हमारा एक प्रॉजेक्ट मैनेजर दो तकनीकों का इस्तेमाल करता है। पहली तकनीक, अगर उसका ई-मेल मैसेज बहुत नाराज़गी भरा लगता है, तो वह इसका ड्राफ़्ट सेव करके 8-24 घंटे तक इसे नज़रअंदाज़ करता है। जब वह ई-मेल मैसेज पर लौटकर आता है, तो लगभग पूरी तरह वह इसके शब्द बदल देता है। दूसरे, उसने अपने आउटलुक में यह विकल्प दे रखा है

कि यह उसके सारे मेल एक मिनट की देरी से भेजे। इससे उसे सेंड बटन दबाने के बाद भी अपना इरादा बदलकर शब्द बदलने या अतिरिक्त जानकारी जोड़ने की अनुमति मिलती है। जिस मैनेजर ने उसे यह करने की सलाह दी थी, उसका विलंब का विकल्प 2 मिनट का था।

10. मैं अपने ई-मेल मैसेज का जवाब उसी दिन देता हूँ। हर कोई इसकी उम्मीद करता है। दरअसल, बहुत वरिष्ठ लोगों (बड़ी कंपनियों के सी.ई.ओ. और वी.पी.) के साथ अपने ई-मेल संप्रेषण में मैंने देखा है कि वे हर मैसेज का जवाब तुरंत देते हैं। भले ही उनका जवाब 'नहीं' हो, लेकिन उस जवाब से लोगों को आगे बढ़ने में मदद मिलती है। लोगों को महसूस होता है कि उनकी बात सुनी गई और जवाब दिया गया।

    कई बार मुझे ऐसे ई-मेल मैसेज मिलते हैं, जिनके लिए मुझे अतिरिक्त शोध करने या दूसरे लोगों से संपर्क करने की ज़रूरत होती है। आग्रह का पूरा जवाब देने में कई दिन लग सकते हैं। ऐसी स्थितियों में मैं भेजने वाले को जवाब देकर बता देता हूँ कि मैंने उसका ई-मेल पढ़ लिया है। इसके बाद, मैं उसे बता देता हूँ कि मैं उसके आग्रह पर काम कर रहा हूँ और वह मेरी पूर्ण प्रतिक्रिया की आशा कब तक कर सकता है।

11. जब मैं किसी पूर्व आग्रह पर प्रतिक्रिया कर रहा होता हूँ, तो मैं एक नया ई-मेल मैसेज शुरू नहीं करता। अगर कोई मेरे पूर्व आग्रह पर प्रतिक्रिया करता है, तो मैं इस बात की क़द्र करता हूँ, अगर वह उस विषय के पुराने मैसेज पर प्रतिक्रिया करे। मैं नीचे स्क्रॉल करके पृष्ठभूमि को समझ सकता हूँ। मैं उस विषय पर पुराने ई-मेल की खोज करने और पुरानी जानकारी पढ़ने के आलस से बच जाता हूँ। अनुभवहीन उपयोगकर्ता आम तौर पर ऐसा नहीं करते हैं।

12. मैं अपने ई-मेल मैसेज में कई असंबद्ध विषयों पर बातचीत नहीं करता। कामकाज के सिलसिले में मैं किसी व्यक्ति से बहुत-से असंबद्ध विषयों पर चर्चा कर सकता हूँ, मगर ई-मेल में नहीं।

कई लोग सारे असंबद्ध विषय एक ही ई-मेल मैसेज में भर देते हैं, जिससे सामने वाले के लिए समस्याएँ उत्पन्न हो जाती हैं। आम तौर पर, सामने वाला जानकारी हासिल करने के लिए उस मैसेज को किसी दूसरे व्यक्ति या समूह को फ़ॉरवर्ड कर देता है। यदि एक अकेले ई-मेल में कई असंबद्ध संदेश हैं, तो पूरे ई-मेल को अगले समूह तक फ़ॉरवर्ड करना अनुचित हो सकता है।

मिसाल के तौर पर, मुझे हमारे एक प्रॉजेक्ट मैनेजर के साथ दो अलग-अलग विषयों पर बातचीत करनी थी। पहले, मैं एक ऐप्लिकेशन पर बात कर रहा था, जो हमारे एक ग्राहक के यहाँ धीमा चल रहा था। उसने ऐप्लिकेशन की गति के बारे में मुझसे शिकायत की थी। मुझे प्रॉजेक्ट मैनेजर को यह बात बतानी थी। दूसरे, मुझे प्रॉजेक्ट मैनेजर के साथ अपनी छुट्टी की योजनाओं का समन्वय भी करने की ज़रूरत थी और मुख्य मैनेजरों की छुट्टियों की योजना का भी समन्वय कराना था। मैंने दो अलग-अलग ई-मेल मैसेज भेजे। प्रॉजेक्ट मैनेजर को भेजे अपने पहले ई-मेल में मैंने केवल ऐप्लिकेशन की धीमी गति पर बातचीत की। प्रॉजेक्ट मैनेजर उस ई-मेल को अपनी टिप्पणियों के साथ इंजीनियरिंग टीम को भेज सकता था। दूसरे ई-मेल मैसेज में मैंने अपनी छुट्टियों की योजना के बारे में उसकी राय माँगी।

ई-मेल मैसेज आमने-सामने की मुलाक़ात से अलग होता है। यदि मैं प्रॉजेक्ट मैनेजर से मिल रहा होता, तो एक ही मुलाक़ात में क्रम से इन दोनों विषयों पर बातचीत कर लेता। मुलाक़ात के बाद प्रॉजेक्ट मैनेजर इंजीनियरिंग टीम के साथ ऐप्लिकेशन की गति पर बातचीत कर लेता। छुट्टियों की योजनाओं के संदर्भ में प्रॉजेक्ट मैनेजर मुलाक़ात में ही अपनी राय दे देता।

13. मैं अपने ई-मेल मैसेज में स्लैंग (अनौपचारिक भाषा) के इस्तेमाल से बचता हूँ। अपने जीवन की शुरुआत में जब मेरा शब्द भंडार सीमित या कमज़ोर था, तो मैं यह नहीं समझता था कि कौन-से शब्द स्लैंग हैं और इसके फलस्वरूप मैंने अपनी छवि ख़राब कर ली।

14. सचमुच महत्त्वपूर्ण ई-मेल मैसेज के लिए (जो 50 लोगों से ज़्यादा के पास जा रहे हों), मैं अपने मैसेज भेजने से पहले उन्हें प्रिंट करके पढ़ता हूँ। इसके बाद मैं किसी सहकर्मी से अपना मैसेज पढ़कर ग़लती खोजने को कहता हूँ।

15. सारे अच्छे लेखन की तरह मैं ई-मेल मैसेज को छोटा और प्रासंगिक रखता हूँ।

16. जब मैं ई-मेल मैसेज का जवाब देता हूँ, तो मैं उचित संदर्भ का प्रयोग करता हूँ। बिज़नेस मैनेजर को मैं बहुत ज़्यादा तकनीकी विवरण नहीं देता हूँ। तकनीकी लीडर को मैं सारी आवश्यक तकनीकी जानकारी प्रदान करता हूँ।

17. अपने ई-मेल मैसेजेस में मैं विस्मयादिबोधक चिन्ह (!) या चिन्हों (!!!) का इस्तेमाल नहीं करता हूँ। वे असाधारण रोमांच या आश्चर्य दर्शाते हैं। यह एक आम ग़लती है।

18. 'रिप्लाई ऑल' बटन दबाने से यह सुनिश्चित होता है कि मेरे मूल ई-मेल मैसेज में शामिल हर व्यक्ति को मेरी प्रतिक्रिया मिल जाए। मैं 'रिप्लाई' के बजाय 'रिप्लाई ऑल' का इस्तेमाल करना ज़्यादा पसंद करता हूँ। अगर मूल भेजने वाले ने दूसरों को शामिल करने का निर्णय लिया था, तो उसके पीछे कोई न कोई कारण रहा होगा। मैं कुछ लोगों के लिए असमंजस पैदा नहीं करना चाहता।

19. जब कोई हमारी कंपनी में शामिल होता है, तो उसका नाम निश्चित ई-मेल वितरण सूचियों (या समूहों) में जोड़ा जाता है। इनमें से कुछ वितरण सूचियों में सैकड़ों लोग होते हैं। जब मैं किसी मैसेज पर 'रिप्लाई ऑल' करता हूँ, तो मैं इस बात पर ध्यान देता हूँ कि कौन-सी वितरण सूचियाँ बड़ी हैं। ई-मेल सूचियों के स्पैम और दुरुपयोग को रोकने के लिए हमारी आई.टी. टीम इस बात को पुख्ता करती है कि बड़ी वितरण सूचियों को मैसेज कौन भेज सकता है।

बरसों पहले मैं एक ई-मेल डिस्ट्रिब्यूशन सूची का हिस्सा था,

जिसमें 10,000 लोग थे। एक व्यक्ति ने एक ई-मेल भेजा, जो इतने बड़े समूह के मान से उचित नहीं था। दूसरे व्यक्ति ने उस मैसेज को देखा और भेजने वाले से इतनी बड़ी वितरण सूची का इस्तेमाल न करने को कहा। दुर्भाग्य से, उसने 'रिप्लाई ऑल' बटन दबा दिया। मिनटों में बहुत-से लोग उस मैसेज पर प्रतिक्रिया कर रहे थे और हर एक से आग्रह कर रहे थे कि वे 'रिप्लाई ऑल' का इस्तेमाल न करें। कुछ ही घंटों में हज़ारों लोगों को सैकड़ों मैसेज भेजे गए, जिससे ई-मेल सर्वर ठप्प पड़ गए। हर व्यक्ति चिढ़ गया और इस स्थिति ने 'रिप्लाई ऑल' बटन के ख़तरों के बारे में नई जागरूकता पैदा की।

20. संप्रेषण करते समय मैं कम बताने के बजाय ज़्यादा बताने की ग़लती करता हूँ। यानी मैं अनिवार्य लोगों से ज़्यादा लोगों को ई-मेल मैसेज में शामिल करता हूँ (हालाँकि वितरण सूचियों का भी ध्यान रखता हूँ)।

21. मैंने अपने कंप्यूटर में अपना आउटलुक सिग्नेचर बना रखा है। मेरा सिग्नेचर मेरे सभी ई-मेल मैसेजेस में हमेशा पूरी संपर्क जानकारी प्रदान करता है, जिसमें मेरा मोबाइल फ़ोन नंबर रहता है। पिछले 14 सालों में संपर्क जानकारी प्रदान करने की वजह से मेरे मोबाइल फ़ोन पर 10 से भी कम अवांछित सेल्स कॉल आए हैं। सकारात्मक पहलू यह है कि हमारे ग्राहक हमेशा मुझसे संपर्क कर सकते हैं, बशर्ते उन्हें मुझसे संपर्क करने की ज़रूरत हो। मैं बेहतर महसूस करता हूँ कि वे मुझसे कभी भी संपर्क कर सकते हैं। मैं इस बात पर हैरान होता हूँ कि बिक्री और ग्राहक सेवा भूमिकाओं वाले कई लोग अपने ई-मेल मैसेजों में अपनी पूर्ण संपर्क जानकारी शामिल नहीं करते हैं। फलस्वरूप अगर मुझे उनसे संपर्क करना होता है, तो ऐसे दुर्लभ मामलों में मुझे अतिरिक्त श्रम करना होता है।

22. हमारी कंपनी में कई लोगों को महत्त्वपूर्ण लोगों या विषयों के मैसेज को कलर कोड करना सिखाया जाता है। मुझे अब भी कलर कोडिंग का इस्तेमाल करना सीखना है, शायद इसलिए क्योंकि कई

सालों से मैं लोगों के उसी समूह के साथ काम कर रहा हूँ। मैं कंपनी के प्रमुख लोगों के ई-मेल मैसेज की प्रणाली को पहचानता हूँ। नवनियुक्त लोगों के लिए मैसेज की कलर कोडिंग उपयोगी हो सकती है।

23. मैं अपने ई-मेल सिग्नेचर में 'प्रेरक' या अन्य कथनों का इस्तेमाल नहीं करता हूँ। कई लोग उन्हें नीचा दिखाने वाला व्यवहार मानते हैं।

24. मैं ई-मेल मैसेजेस में कैपिटल लेटर्स (बड़े अक्षरों) का इस्तेमाल नहीं करता हूँ। यह चिल्लाने के समान होता है और मैं मान लेता हूँ कि भेजने वाला गुस्से में होगा। टाइपराइटर के ज़माने में लोग किसी मुद्दे पर ज़ोर देने के लिए कैपिटल लेटर्स का इस्तेमाल करते थे। अब हम ज़ोर देने के लिए फ़ॉन्ट को फ़ॉर्मैट कर सकते हैं (साइज़, कलर, अंडरलाइन, बोल्ड आदि)। प्रायः मुझे किसी जूनियर कर्मचारी का ई-मेल मैसेज कैपिटल लेटर्स में मिलता है।

25. भेजने से पहले ई-मेल मैसेज में वर्तनी और व्याकरण की ग़लतियों की जाँच हमेशा करें। मेरी विश्वसनीयता कम हो जाती है, अगर मेरे मैसेज में वर्तनी और व्याकरण की ग़लतियाँ हों। यदि कोई इंजीनियर वर्तनी की ग़लतियों वाला ई-मेल भेजता है, तो मैं यह मान लेता हूँ कि वह विवरणों पर ध्यान नहीं देता है और उसका काम लापरवाही भरा है। वर्तनी की ग़लतियों से बचने के लिए मैं आउटलुक में भेजने से पहले 'चेक स्पेलिंग' का विकल्प हमेशा चालू रखता हूँ। जब भी मैं किसी मैसेज के लिए सेंड बटन दबाता हूँ, तो आउटलुक हर बार वर्तनी की जाँच करता है।

26. ई-मेल भेजने से पहले मैं ई-मेल एड्रेस की दोबारा जाँच करता हूँ। आउटलुक और दूसरे सिस्टम ई-मेल एड्रेस अपने आप भरकर भेजने वाले की मदद करने की कोशिश करते हैं। बेध्यानी में मैंने ग़लती से गोपनीय जानकारी ग़लत जगह भेज दी थी। इससे उबरने में मुझे लंबा समय लग गया।

27. मेरा कामकाजी ई-मेल एड्रेस मेरा कामकाजी ई-मेल एड्रेस ही होता

है। मैं इसका इस्तेमाल सिर्फ़ कामकाजी उद्‌देश्यों से करता हूँ। हममें से ज़्यादातर के पास अब आउटलुक डॉट कॉम, जीमेल और अन्य मुफ़्त ई-मेल अकाउंट्स हैं। मैं अपने सामाजिक मित्रों को बता देता हूँ कि वे कामकाज से असंबद्ध जानकारी मेरे ग़ैर-कामकाजी ई-मेल अकाउंट में भेजें।

28. आउटलुक अंतिम उपयोगकर्ताओं को नॉर्मल, लो और हाई प्रायोरिटी (प्राथमिकता) ई-मेल भेजने की अनुमति देता है। मैं शायद ही कभी 'हाई' प्रायोरिटी ई-मेल का उपयोग करता हूँ, जिसे मैं आपातकालीन स्थिति मानता हूँ। मिसाल के तौर पर, अगर कोई अति महत्त्वपूर्ण कंप्यूटर सिस्टम ख़राब हो गया है और उत्पादन संबंधी समस्याएँ उत्पन्न कर रहा है, तो मैं आउटलुक में लाल झंडे वाले 'हाई प्रायोरिटी' ई-मेल पाने की उम्मीद करता हूँ। मैं नियमित रूप से देखता हूँ कि कुछ लोग हमेशा 'हाई प्रायोरिटी' ई-मेल ही भेजते हैं, जिससे उनकी अपरिपक्वता और ध्यान खींचने वाली प्रकृति ज़ाहिर होती है। मैं महीने में एक से ज़्यादा 'हाई प्रायोरिटी' लाल झंडे वाला ई-मेल नहीं भेजता हूँ। समय के साथ हमने अपने इंजीनियरों को प्रशिक्षित कर दिया है कि वे 'हाई प्रायोरिटी' बटन का इस्तेमाल कभी-कभार ही करें। मैं 'लो प्रायोरिटी' ई-मेल मैसेजेस का उपयोग ज़्यादा बार करता हूँ। मिसाल के तौर पर, अगर मुझे टीम को जानकारी देनी हो कि स्नैक्स किचन में हैं, तो मैं 'लो प्रायोरिटी' झंडे का उपयोग करता हूँ, क्योंकि वह जानकारी अति महत्त्वपूर्ण नहीं है। हर कोई स्नैक्स के बारे में परवाह नहीं करता।

29. आउटलुक ई-मेल 'रीड रिसीट' सुविधा शामिल करता है, ताकि भेजने वाले को पता चल जाए कि पाने वाले ने मैसेज पढ़ लिया है। मुझे बिक्री संबंधी बहुत-से स्पैम ई-मेल आते हैं। मैं किसी को भी 'रीड रिसीट' की पावती नहीं भेजता। यदि मुझे कंपनी के बाहर से कोई अवांछित सेल्स ई-मेल मिला है, तो मैं भेजने वाले को यह जताना नहीं चाहता कि मैंने उसका ई-मेल पढ़ लिया है। जहाँ तक कंपनी ई-मेल सेवा का उपयोग करके कंपनी के किसी कर्मचारी

द्वारा भेजे गए ई-मेल का सवाल है, तो मुझसे यह उम्मीद की जाती है कि मैं हर ई-मेल मैसेज पढ़ूँगा। इसलिए मुझे किसी को 'रीड रिसीट' भेजने की कोई ज़रूरत ही नहीं है। यदि कोई बेहद ज़रूरी मामला है, जहाँ मुझे सकारात्मक पुष्टि चाहिए, तो मैं उस व्यक्ति के पास जा सकता हूँ या उसे फ़ोन कर सकता हूँ।

30. मैं कलर वॉल पेपर का इस्तेमाल ई-मेल पृष्ठभूमि के रूप में नहीं करता। मूल आउटलुक सफ़ेद बैकग्राउंड का होता है। मैं साफ़-सुथरी सफ़ेद पृष्ठभूमि का इस्तेमाल करता हूँ, ताकि मैं और पाठक दोनों ही मुख्य मुद्दे पर केंद्रित रहें।

31. भावनाओं को व्यक्त करने के लिए इमोटिकॉन्स (भावनाएँ दर्शाते चिन्ह) उद्योग में ज़्यादा आम और स्वीकृत हो गए हैं। परंतु मैं इमॉटिकॉन्स का इस्तेमाल नहीं करता।

32. मैं कोई ई-मेल अटैचमेंट तब तक नहीं खोलता, जब तक कि उसे किसी विश्वसनीय व्यक्ति ने न भेजा हो। वाइरस वाले ई-मेल को खोलने से आपके कंप्यूटर को भारी नुक़सान हो सकता है।

33. विवादास्पद मुद्दों के लिए आमने-सामने बात करके समस्याओं को सुलझाना बेहतर होता है। ई-मेल भेजने के बजाय उस व्यक्ति से मिलें और बातचीत करें। अगर आप उससे नहीं मिल सकते, तो फ़ोन पर बात कर लें।

34. आउटलुक में एक मैसेज रिकॉल सुविधा भी है, जो हमें अपने मैसेज वापस लौटाने की अनुमति देती है। मेरा अनुभव यह रहा है कि यह सुविधा हमेशा कारगर नहीं रहती है।

35. मैं मुख्य रिश्तेदारों और मित्रों के फ़ोन नंबर, डाक पते और ई-मेल एड्रेस दर्ज करने के लिए आउटलुक में 'कॉन्टैक्ट्स' का इस्तेमाल करता हूँ। इतने बरसों में मेरे मोबाइल फ़ोन्स बदले हैं। कई पते अब भी वही हैं और नए फ़ोन में बिना किसी प्रयास के भेज दिए गए हैं। यात्रा करते समय मैं आउटलुक कॉन्टैक्ट्स की एक छपी हुई प्रति अपने साथ रखता हूँ, ताकि जब मेरे मोबाइल फ़ोन की

बैटरी ख़त्म हो जाए, तब भी मैं लोगों से संपर्क कर सकूँ।

ऊपर दिए गए कई नियम इंस्टेंट मैसेजेस और टेक्स्ट मैसेजेस (एस.एम.एस.) पर भी लागू होते हैं, जिनका इस्तेमाल त्वरित और अनौपचारिक संप्रेषण के लिए किया जाता है। सहकर्मियों और ग्राहकों के साथ मैं औपचारिक अँग्रेजी का इस्तेमाल करता हूँ।

ई–मेल मैसेज के लिए जाँचसूची

- ई–मेल मैसेज पूरा लिखने के बाद ही टू, सीसीः, और सब्जेक्ट वाली पंक्ति भरें।
- यह जाँच करें कि टू और सीसीः में मुख्य लोग शामिल हैं
- ध्यान रखें कि विषय की पंक्ति में पहला शब्द क्रिया हो
- किसी ई–मेल मैसेज को भेजने से पहले वर्तनी और व्याकरण की जाँच करें
- आउटलुक सिग्नेचर तैयार करें
- वर्तमान विषय पर वर्तमान ई–मेल चर्चा का इस्तेमाल करें
- स्पष्टता और संक्षिप्तता के लिए सावधानी से मैसेज की समीक्षा करें

परिशिष्ट 4

सात मिनट के व्यायाम

सात मिनट की व्यायाम दिनचर्या के 12 व्यायाम नीचे दिए गए हैं। उच्च-गहनता वाला यह व्यायाम-समूह प्रतिरोध प्रशिक्षण के लिए योग की तरह ही हमारे शरीर के वज़न का उपयोग करता है। प्रतिरोध के अलावा, यह व्यायाम हृदय के लिए भी लाभकारी है (हृदयवाहिनी व्यायाम)।

ह्यूमन परफ़ॉरमेंस इंस्टीट्यूट (एच.पी.आई.) हमसे अपेक्षा रखता है कि हम 12 व्यायामों के समूह के हर व्यायाम को 30 सेकेंड तक तेज़ गति से करें। हममें से ज़्यादातर 30 सेकेंड के लिए उच्च गहनता हासिल कर सकते हैं और बनाए रख सकते हैं।

एच.पी.आई. नीचे बताए क्रम में व्यायाम की श्रंखला के अनुसरण का सुझाव देता है। यह श्रंखला यह सुनिश्चित करती है कि मांसपेशियाँ थक न जाएँ। स्वस्थ व्यक्ति बिना किसी दर्द के ये व्यायाम कर सकता है। यदि आपको दर्द महसूस हो, तो तुरंत रुक जाएँ और डॉक्टर से मिलें। यूट्यूब पर कई वीडियो इनमें से प्रत्येक व्यायाम को स्पष्टता से दर्शाते हैं। आप पुस्तक के ये पन्ने फाड़कर त्वरित संदर्भ के लिए उनका इस्तेमाल कर सकते हैं।

कोई भी व्यायाम योजना शुरू करने से पहले हमें यह तय करने की ज़रूरत है कि हमारा शरीर इसके लिए पर्याप्त स्वस्थ है। इसमें किसी डॉक्टर की राय लेना शामिल हो सकता है।

1. जम्पिंग जैक्स – खड़े होकर अपने दोनों पैर सटा लें और अपने हाथ बग़ल में रखें। कूदते समय और अपने हाथ उठाएँ, ताकि आपके हाथ सिर से ऊपर हों। ज़मीन पर आते समय आपके दोनों पैर अलग होने चाहिए। तुरंत दोबारा कूदें, लेकिन अब अपने हाथ बग़ल में नीचे लाएँ और दोनों पैरों को एक साथ करके ज़मीन पर आएँ। आपने अभी-अभी एक जम्पिंग जैक का चक्र पूरा कर लिया है। बाँहों की स्थिति वैसी ही होगी, जैसे कोई पक्षी अपने पंख फड़फड़ा रहा हो।

2. दीवार से टिकना – अपनी पीठ किसी दीवार से टिकाकर ख़ुद को तब तक नीचे करें, जब तक कि आपके घुटने 90 डिग्री के कोण के क़रीब

न हों। इस मुद्रा में 30 सेकेंड तक रहें।

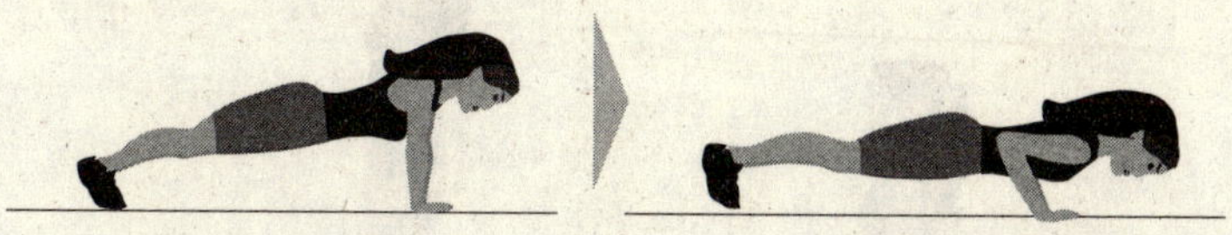

3. पुश–अप – सही पुश–अप के लिए घुटने नहीं झुकने चाहिए और शरीर पैर से सिर तक एक सीधी रेखा में होने चाहिए। हाथ कंधों से थोड़ी ज़्यादा चौड़ाई पर रखे जाने चाहिए। कोहनियाँ शरीर के क़रीब रहनी चाहिए, लेकिन बग़ल से सटी न रहें।

4. एबडॉमिनल क्रंच – अपनी पीठ के बल लेट जाएँ और घुटने थोड़े मोड़ लें। अपने पैर फ़र्श पर कुछ इंच की दूरी पर रखें। अपने घुटनों को आरामदेह रूप से अलग रखें। बाँहें सीने पर बाँध लें और अपने पेट की मांसपेशियों को कस लें। अपना सिर और कंधे फ़र्श से उठाएँ। इस स्थिति में रूककर तीन गहरी साँसें लें और फिर शुरुआती स्थिति में लौट आएँ। इस क्रिया को करते समय हाथ सिर के पीछे न बाँधें।

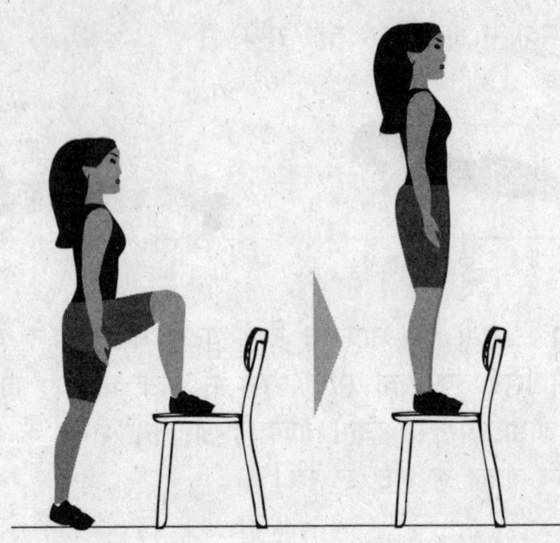

5. कुर्सी पर चढ़ना–उतरना – कुर्सी पर ऊपर चढ़ें और नीचे उतरें। हर बार चढ़ते समय पैर बदल लें। अगर आप कुर्सी पर चढ़ते समय पहली बार में दायाँ पैर रखते हैं, तो अगली बार कुर्सी पर बायाँ पैर पहले रखें।

6. स्क्वॉट – अपने पैर फैला लें, कंधों की चौड़ाई से थोड़े ज़्यादा फ़ासले तक। पैर की अँगुलियाँ सामने की ओर रहें। धीरे-धीरे नीचे जाएँ, कूल्हों, घुटनों और टखनों के ज़रिये झुकें। जब आपके घुटने 90 डिग्री के कोण तक पहुँच जाएँ, तो रुक जाएँ। फिर शुरुआती स्थिति में लौटें।

7. कुर्सी पर ट्राइसेप्स डिप – किसी बेंच या कुर्सी पर बैठें। अपने हाथ अपने कूल्हों के ठीक पास या नीचे रखें। अपने हाथों के बल उठें और कूल्हे आगे की ओर लाएँ। कोहनियाँ मोड़ें (90 डिग्री से ज़्यादा नहीं) और कूल्हों को कुर्सी के बहुत क़रीब रखते हुए नीचे करें। कंधे नीचे रखें। कोहनियों को जाम किए बिना ऊपर की ओर उठें और पूरी क्रिया दोहराएँ।

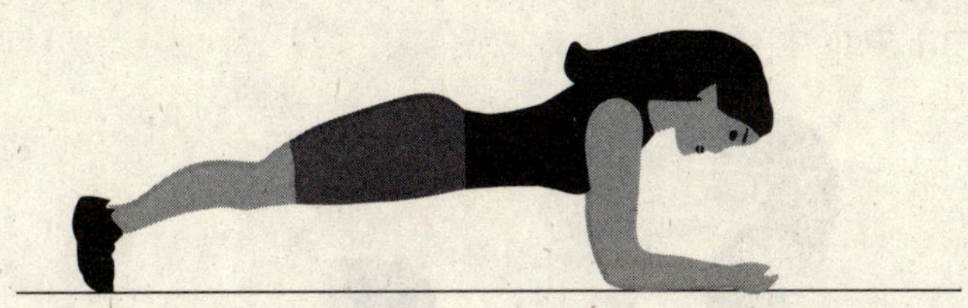

8. प्लैंक – पुश-अप की मुद्रा में आएँ। अपने हाथों के बजाय अपनी कोहनी पर टिकें। आपकी कोहनियाँ आपके कंधों के नीचे सीध में होनी चाहिए। अपने हाथ एक साथ लाएँ। इसी मुद्रा में कुछ देर रहें।

9. ऊँचे घुटने करके उसी जगह पर दौड़ना – उसी स्थान पर दौड़ें जहाँ खड़े हो, लेकिन अपने घुटने उठाएँ ताकि आपकी जाँघें आपके धड़ की सीध रेखा में हों।

10. लन्ज – अपनी कमर सीधी रखें, अपने हाथ कूल्हों पर रखें, एक पैर आगे बढ़ाएँ और नीचे की ओर जाएँ, जब तक कि आपका दूसरा घुटना ज़मीन को लगभग छूने न लगे। हर बार पैरों को अदल-बदल कर यह क्रिया करें।

11. पुश-अप और घूमने की मुद्रा - पुश-अप मुद्रा से शुरू करें, लेकिन ऊपर आते वक़्त अपने शरीर को इस तरह घुमा लें, कि आपकी दाईं बाँह ऊपर उठे और छत की ओर तन जाए। आपके धड़ और बाँहों को (T) का आकार बनाना चाहिए। शुरुआती स्थिति में लौटें, खुद को नीचे लाएँ, फिर पुश-अप करें और घूम जाएँ, जिससे आपका बायाँ हाथ छत की ओर इशारा करने लगे।

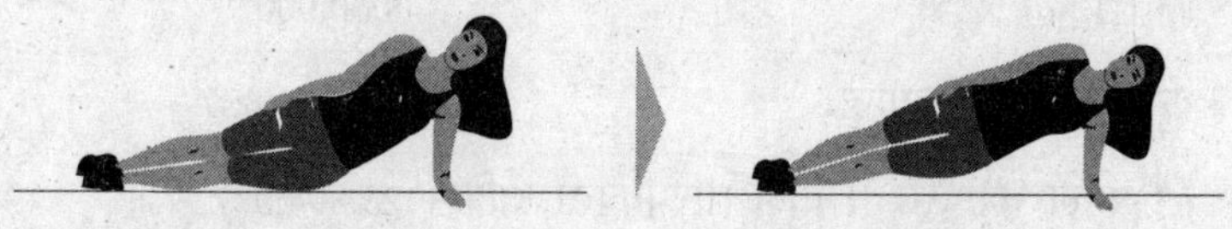

12. साइड प्लैंक - करवट में लेट जाएँ; आपके पैर एक-दूसरे के ऊपर होने चाहिए। अपने ऊपरी शरीर को अपनी एक कोहनी पर टिकाएँ। ऊपरी तरफ़ वाले हाथ को कूल्हे पर रखें। कूल्हों को ज़मीन से उठाएँ। अपने शरीर को यथासंभव सीध में रखें। अपनी गर्दन को बीच में रखें, मानो आप आरामदेह तरीक़े से खड़े हों।

परिशिष्ट 5

बचत की तुलना के विवरण

जय सिर्फ़ 8 सालों के लिए 22 साल की उम्र से निवेश की शुरूआत करता है :

निवेश के वर्ष	8 साल
निवेश की राशि	8,00,000
कुल चक्रवृद्धि ब्याज	2,30,94,087
65 साल की उम्र में कुल परिपक्वता राशि	23,894,087
लाभ का प्रतिशत **(निवेश का 29 गुना)**	2,887 प्रतिशत

उम्र	शुरुआती राशि	निवेश राशि	ब्याज दर (प्रतिशत में)	चक्रवृद्धि ब्याज	वर्ष के अंत में राशि
22	0	100,000	8.7	8,700	108,700
23	108,700	100,000	8.7	18,157	226,857
24	226,857	100,000	8.7	28,437	355,293
25	355,293	100,000	8.7	39,611	494,904
26	494,904	100,000	8.7	51,757	646,661
27	646,661	100,000	8.7	64,959	811,620

28	811,620	100,000	8.7	79,311	990,931
29	990,931	100,000	8.7	94,911	1,185,842
30	1,185,842		8.7	103,168	1,289,010
31	1,289,010		8.7	112,144	1,401,154
32	1,401,154		8.7	121,900	1,523,055
33	1,523,055		8.7	132,506	1,655,560
34	1,655,560		8.7	144,034	1,799,594
35	1,799,594		8.7	156,565	1,956,159
36	1,956,159		8.7	170,186	2,126,345
37	2,126,345		8.7	184,992	2,311,337
38	2,311,337		8.7	201,086	2,512,423
39	2,512,423		8.7	218,581	2,731,004
40	2,731,004		8.7	237,597	2,968,601
41	2,968,601		8.7	258,268	3,226,869
42	3,226,869		8.7	280,738	3,507,607
43	3,507,607		8.7	305,162	3,812,769
44	3,812,769		8.7	331,711	4,144,480
45	4,144,480		8.7	360,570	4,505,049
46	4,505,049		8.7	391,939	4,896,989
47	4,896,989		8.7	426,038	5,323,027
48	5,323,027		8.7	463,103	5,786,130
49	5,786,130		8.7	503,393	6,289,523
50	6,289,523		8.7	547,189	6,836,712
51	6,836,712		8.7	594,794	7,431,506
52	7,431,506		8.7	646,541	8,078,047
53	8,078,047		8.7	702,790	8,780,837

54	8,780,837		8.7	763,933	9,544,770
55	9,544,770		8.7	830,395	10,375,165
56	10,375,165		8.7	902,639	11,277,804
57	11,277,804		8.7	981,169	12,258,973
58	12,258,973		8.7	1,066,531	13,325,503
59	13,325,503		8.7	1,159,319	14,484,822
60	14,484,822		8.7	1,260,180	15,745,002
61	15,745,002		8.7	1,369,815	17,114,817
62	17,114,817		8.7	1,488,989	18,603,806
63	18,603,806		8.7	1,618,531	20,222,337
64	20,222,337		8.7	1,759,343	21,981,680
65	21,981,680		8.7	1,912,406	23,894,087

वीरू 35 सालों के लिए 30 साल की उम्र से निवेश की शुरूआत करता है :

निवेश के वर्ष	35 साल
निवेश की राशि	35,00,000
कुल चक्रवृद्धि ब्याज	2,03,17,130
65 साल की उम्र में कुल परिपक्वता राशि	2,38,17,130
लाभ का प्रतिशत **(निवेश का 5.8 गुना)**	580 प्रतिशत

उम्र	शुरुआती राशि	निवेश राशि	ब्याज दर प्रतिशत में	चक्रवृद्धि ब्याज	वर्ष के अंत में राशि
30.	0	100,000	8.7	8,700	108,700
31.	108,700	100,000	8.7	18,157	226,857
32.	226,857	100,000	8.7	28,437	355,293
33.	355,293	100,000	8.7	39,611	494,904
34.	494,904	100,000	8.7	51,757	646,661
35.	646,661	100,000	8.7	64,959	811,620
36.	811,620	100,000	8.7	79,311	990,931
37.	990,931	100,000	8.7	94,911	1,185,842
38.	1,185,842	100,000	8.7	111,868	1,397,710
39.	1,397,710	100,000	8.7	130,301	1,628,011
40.	1,628,011	100,000	8.7	150,337	1,878,348
41.	1,878,348	100,000	8.7	172,116	2,150,464
42.	2,150,464	100,000	8.7	195,790	2,446,255
43.	2,446,255	100,000	8.7	221,524	2,767,779
44.	2,767,779	100,000	8.7	249,497	3,117,276
45.	3,117,276	100,000	8.7	279,903	3,497,179
46.	3,497,179	100,000	8.7	312,955	3,910,133
47.	3,910,133	100,000	8.7	348,882	4,359,015
48.	4,359,015	100,000	8.7	387,934	4,846,949
49.	4,846,949	100,000	8.7	430,385	5,377,334
50.	5,377,334	100,000	8.7	476,528	5,953,862
51.	5,953,862	100,000	8.7	526,686	6,580,548
52.	6,580,548	100,000	8.7	581,208	7,261,755
53.	7,261,755	100,000	8.7	640,473	8,002,228
54.	8,002,228	100,000	8.7	704,894	8,807,122

55.	8,807,122	100,000	8.7	774,920	9,682,041
56.	9,682,041	100,000	8.7	851,038	10,633,079
57.	10,633,079	100,000	8.7	933,778	11,666,857
58.	11,666,857	100,000	8.7	1,023,717	12,790,573
59.	12,790,573	100,000	8.7	1,121,480	14,012,053
60.	14,012,053	100,000	8.7	1,227,749	15,339,802
61.	15,339,802	100,000	8.7	1,343,263	16,783,065
62.	16,783,065	100,000	8.7	1,468,827	18,351,891
63.	18,351,891	100,000	8.7	1,605,315	20,057,206
64.	20,057,206	100,000	8.7	1,753,677	21,910,883
65.	21,910,883	100,000	8.7	1,906,247	23,817,130

परिशिष्ट 6

रहन-सहन एवं पहनावा

'आपको पहली छाप छोड़ने का दूसरा मौक़ा कभी नहीं मिलता।'

-विल रॉजर्स
अमेरिकी व्यंग्यकार और सामाजिक टिप्पणीकार

एक दिन जब राजा का दरबार लगा हुआ था, तो एक स्वामीजी उनसे मिलने आए। राजा ने स्वामीजी पर कोई ख़ास ध्यान नहीं दिया। अंततः स्वामीजी की बारी आई। राजा ने स्वामीजी से बातचीत की और उनकी बुद्धिमत्ता से प्रभावित हुए। राजा ने स्वामीजी के साथ घंटों बिताए और कई विषयों पर उनसे मार्गदर्शन लिया। जब स्वामीजी विदा हो रहे थे, तो राजा अपने सिंहासन से उठे और दरवाज़े तक उन्हें छोड़ने गए।

दरबारी राजा के स्वामीजी के प्रति बर्ताव में हुए परिवर्तन से चकित थे। उन्होंने राजा से पूछा, 'जब स्वामीजी आए थे, तो आपने उन पर कोई ध्यान नहीं दिया। लेकिन जब वे जा रहे थे, तो आप उन्हें छोड़ने दरवाज़े तक गए। वे वही इंसान थे, लेकिन आपने उनके साथ अलग-अलग व्यवहार क्यों किया?'

इस सवाल पर राजा ने जवाब दिया, 'जब स्वामीजी यहाँ आए थे, तो मैंने उनका मूल्यांकन उनके वस्त्रों और हुलिए से किया था। जब मैंने उनसे बातचीत की, तो मुझे उनकी बुद्धिमत्ता का भान हुआ। मैंने उनके ज्ञान और आशीष से लाभ लिया। जब मैं उनकी बुद्धिमत्ता को समझ गया, तो मैंने यथोचित सम्मान का बर्ताव किया।'

चूँकि मैं पाश्चात्य हाई स्कूल में नहीं पढ़ा था, इसलिए व्यक्तिगत हुलिए के बारे में मुझे ज़्यादा ज्ञान नहीं दिया गया था। मैंने पोशाक, शिष्टाचार और व्यवहार का अपना ज़्यादातर ज्ञान पुस्तकें पढ़कर हासिल किया। मैंने यह भी ग़ौर किया कि दूसरे सफल लोग कैसे पोशाक पहनते हैं। साफ़-सुथरा पहनावा महँगा नहीं होता।

पेशेवर के रूप में मेरे पास भूमिका के अनुरूप पोशाक पहनने का अवसर होता है। मेरे कुछ अवलोकन और ग़लतियों के बारे में नीचे बताया गया है :

1. मैं अब फ़िट रहता हूँ। मैंने बेहतर फ़िटनेस के ज़रिये अपने चेहरे-मोहरे, मुद्रा और आत्मविश्वास को बेहतर बना लिया है। फ़िट बनना आसान नहीं था। मुझे कड़ी मेहनत करनी पड़ी और इसमें बहुत-से अनुशासन की ज़रूरत थी। एक बार जब मैं फ़िट हो गया, तो मैं उन लोगों पर ग़ौर करने लगा, जो फ़िट नहीं थे। चाहे हम इसे पसंद करें या न करें, कई लोग अनफ़िट या मोटे लोगों को अनुशासनरहित और आलसी मानते हैं। लंबे समय में अनफ़िट लोगों को कम अवसर मिल पाते हैं।

2. सिगरेट पीना छोड़ दें। कई लोगों को इसकी बदबू पसंद नहीं होती। कई सिगरेट पीने वाले अपनी ख़ुद की बदबू को नहीं पकड़ सकते। मैं पकड़ सकता हूँ। अगर मैं ऐसा कर सकता हूँ, तो निश्चित रूप से दूसरे भी आपके धुएँ की बदबू सूँघ सकते हैं। मैं जानता हूँ कि सिगरेट छोड़ना मुश्किल है। लेकिन धूम्रपान को अनुशासन के अभाव के संकेत के रूप में समझा जा सकता है। यह पक्षपातपूर्ण है, लेकिन कई लोगों की राय भी मेरे जैसी ही है।

3. मैं अपने बाल छोटे रखता हूँ, जिससे एक साफ़-सुथरा रूप मिलता है और इसे क़ायम रखना आसान होता है। चूँकि मेरे बाल बहुत घने हैं, इसलिए मैं हर महीने इन्हें कटवाता हूँ। कई फ़िल्म अभिनेता बालों के ज़रिये एक ख़ास छवि बनाने की कोशिश करते हैं। जब मैं छोटा था, तब भी मैंने कभी अमिताभ बच्चन या शाहरुख़ खान

की हेयरस्टाइल की नक़ल करने की कभी कोशिश नहीं की थी।

4. मैं हर दिन शेविंग करता हूँ, हालाँकि मुझे दाढ़ी बनाने में आनंद नहीं आता। पुरुषों को हर दिन शेविंग करनी चाहिए, जब तक कि धार्मिक बंधन न हों (जैसे मुस्लिम या सिख)। दाढ़ी बढ़ी होने से चेहरा अस्वच्छ दिखता है।

5. मैं अपनी मूँछों को पूरी तरह सफाचट रखता हूँ। अमेरिका में 1970 के दशक में लंबे बाल और लंबी मूँछें आम थीं। अब मेरा चेहरा साफ़-सुथरा रहता है।

6. मैं हर दिन ब्रश करता हूँ। मैं और कई अन्य लोग बुरे दाँतों पर ग़ौर करते हैं।

7. मैं हर दिन ऑफ़िस जाने से पहले नहाता हूँ। आई.आई.टी. में हम क्लास के बाद शाम को नहाते थे, क्योंकि पानी की उपलब्धता संबंधी समस्या रहती थी।

8. मैं परफ़्यूम का इस्तेमाल नहीं करता। बंद वातानुकूलित ऑफ़िसों में परफ़्यूम काफ़ी महकता है और इससे ध्यान भटकता है।

9. मुझे बहुत पसीना आता है, इसलिए मैं अपनी बगलों में डिओडोरेंट लगाता हूँ।

10. मेरे नाख़ून छोटे रहते हैं।

11. मैं अपने नाख़ून कुतरता नहीं हूँ।

12. हमारा ड्रेस कोड बिज़नेस कैज़ुअल है। मैं अब देखता हूँ कि उच्च प्रदर्शन करने वाले लोग कैसी पोशाक पहनते हैं। उनमें सिर्फ़ स्वीकृत ही नहीं, बल्कि सम्मानित ड्रेस कोड का प्रतिनिधित्व करने की प्रवृत्ति होती है। मैंने कई लोगों को ख़राब ड्रेस के बारे में टोका है। साफ़-सुथरे और सादे कपड़े महँगे नहीं होते हैं।

13. मैं सैंडल या चप्पल नहीं, बल्कि हमेशा जूते पहनकर ऑफ़िस जाता हूँ।

14. मुझसे उम्मीद की जाती है कि बेल्ट का रंग जूते के रंग से मेल खाएगा।
15. जब हमारे उद्योग का विकास हुआ, तो मैंने ज़्यादा औपचारिक शर्ट पहनना शुरू कर दिया है, जिनमें सलवटें नहीं होतीं।
16. मैं इयर-रिंग (कानों की बालियाँ) नहीं पहनता। विशेषज्ञ नाक की बालियाँ न पहनने की सलाह देते हैं।

परिशिष्ट 7

प्राय: पूछे जाने वाले प्रश्न

पूरी पुस्तक में मैं कोई भी सलाह देने से बचा हूँ। पाठक समझदार होते हैं और अपने फ़ैसले ख़ुद कर सकते हैं। इसके बजाय मैंने अपने अनुभव बताए, जिनके आधार पर पाठक अपने निष्कर्ष ख़ुद निकाल सकते हैं।

जब लोग मुझसे मेरी प्रस्तुतियों के दौरान प्रश्न पूछते हैं, तो कई बार वे अपने निर्णय या राय की पुष्टि की तलाश कर रहे होते हैं। लोगों में उस जानकारी के पक्ष में होने की प्रवृत्ति होती है, जो उनकी मान्यताओं या परिकल्पना की पुष्टि करती हो। मनोवैज्ञानिक इसे *पुष्टिकरण पूर्वाग्रह* कहते हैं। इस पूर्वाग्रह के साथ लोग अस्पष्ट प्रमाण की व्याख्या अपनी विद्यमान स्थिति के समर्थन के रूप में करते हैं। मुझे यक़ीन है कि मुझमें भी पूर्वाग्रह हैं और मैं भी विरोधी प्रमाण को नज़रअंदाज़ करता हूँ। इस पूर्वाग्रह के साथ मैं इन सवालों के जवाब देता हूँ :

1. मैं इंजीनियरिंग के अपने अंतिम वर्ष में हूँ। क्या मुझे नौकरी करने के बजाय एम.बी.ए. करना चाहिए?

मेरे अनुभव पर ग़ौर करें। मैंने तीन साल तक नौकरी की थी, इसके बाद ही मुझे एक अच्छे एम.बी.ए. प्रोग्राम के लिए स्वीकार किया गया था। कामकाजी अनुभव से मैं ज़्यादा अच्छी समझ बना पाया। इसके अलावा, मैं केस स्टडीज़ और क्लासरूम की चर्चाओं में ज़्यादा संबंध जोड़ पाया।

1986 में आई.आई.टी. के मेरे एक सहपाठी को बी. टैक. के ठीक बाद आई.आई.एम. कोलकाटा ने एम.बी.ए. के लिए चुन लिया था। उसने

आई.आई.एम. कोलकाटा के प्रस्ताव को अस्वीकार कर दिया। उसने कहा कि पहले वह 2 साल तक उपयोगी कार्य अनुभव हासिल करेगा और इसके बाद दोबारा आई.आई.एम. कोलकाटा की प्रवेश परीक्षा देगा। मेरे सहपाठी ने 2 साल तक ऑटोमोबाइल उद्योग में काम करने का चुनाव किया। उसे आई.आई.एम. कोलकाटा द्वारा दोबारा स्वीकार कर लिया गया।

1980 के दशक में आई.आई.एम. में एम.बी.ए. की सीटें बहुत सीमित होती थीं। 2 साल तक इंतज़ार करना असामान्य बात थी, लेकिन उसने किया। आज के संसार में एम.बी.ए. के विकल्प काफ़ी ज़्यादा हैं, इसलिए दीर्घकालीन दृष्टिकोण रखें। मैं ज़्यादातर विद्यार्थियों को कामकाजी अनुभव हासिल करने के लिए प्रोत्साहित करता हूँ, जिसके बाद ही यह निर्णय लें कि क्या वे एम.बी.ए. करना चाहते हैं।

2. क्या मुझे एक बड़ी कंपनी में ठीक-ठाक नौकरी करनी चाहिए या किसी ठीक-ठाक कंपनी में अपने सपनों वाली नौकरी करनी चाहिए?

ज़्यादातर लोग ठीक-ठाक कंपनी में सपनों वाली नौकरी को चुनते हैं। जब लोग किसी उद्यमी कंपनी में शामिल होते हैं, तो मैंने उन्हें बेहतर प्रदर्शन करते देखा है। अगर कंपनी अच्छा प्रदर्शन कर रही है, तो उसके पास लीडर कम, अवसर ज़्यादा होंगे। वे नई चुनौतियाँ प्रदान करेंगे, जिनकी बदौलत कर्मचारी ऊपर उठ सकते हैं। यदि कंपनी डूब या सिकुड़ रही है, तो अवसर हर साल ज़्यादा सीमित हो जाएँगे।

3. मुझे किसी अच्छे स्कूल से एम.बी.ए. करना चाहिए या अमेरिका में मास्टर्स इन इंजीनियरिंग करना चाहिए?

जवाब आपकी त्वरित रुचि पर निर्भर करता है। बहुत कम लोग दोनों कर पाते हैं। मैं उनमें से एक हूँ। मैं लोगों को सिर्फ़ यह सलाह देता हूँ कि वे एम.बी.ए. किसी अच्छे कॉलेज (शीर्षस्थ 20) से ही करें। मैं एम.बी.ए. करने की ख़ातिर एम.बी.ए. करने का सुझाव नहीं देता हूँ। जैसा पहले बताया जा चुका है, नियोक्ता उपयुक्त योग्यताएँ चाहते हैं। मास्टर्स प्रोग्राम्स (एम.बी.ए. और एम.एस.) उन योग्यताओं को हासिल करने का

एक तरीक़ा हैं। हमारी कंपनी में कई सफल लोगों ने कभी औपचारिक मास्टर्स डिग्री नहीं ली।

4. मुझे नौकरी के दो प्रस्तावों के बीच कैसे चुनना चाहिए? ज़्यादा सीखने के अवसरों के साथ कम तनख़्वाह या कम सीखने के अवसरों के साथ ऊँची तनख़्वाह?

मैं हमेशा सीखने के अवसरों को चुनने की सलाह देता हूँ। आपकी तनख़्वाह समय के साथ अपने आप बढ़ जाएगी।

5. मैं व्यायाम पसंद नहीं करता। मैं कैसे बदल सकता हूँ?

मैं भी व्यायाम पसंद नहीं करता। मैं जब व्यायाम करता हूँ, तो यह मुझे उबाऊ और कष्टकारी लगता है। बहरहाल, जीवन में लंबे समय तक व्यायाम करने के बाद मैं काफ़ी बेहतर महसूस करता हूँ। व्यक्तिगत रूप से मैंने पाया कि मैं बैडमिंटन खेलने से आनंदित होता हूँ। इसलिए मैं इसे नियमित रूप से खेलता हूँ। अगर मुझे किसी खेल में मज़ा आता है, तो मेरे इसके साथ बने रहने की संभावना है।

6. मुझे पैसे ख़र्च करना पसंद है। फलस्वरूप मैं पैसे नहीं बचा पाता हूँ। मैं बचत कैसे कर सकता हूँ?

सिस्टमैटिक इनवेस्टमेंट प्लान (एस.आई.पी.) और ऐसी ही दूसरी योजनाएँ बचत करने का बेहतरीन तरीक़ा हैं। विशेषज्ञ हर महीने 'पहले ख़ुद को भुगतान करें' की सलाह देते हैं। अगर पैसा अपने आप मेरे वेतन ख़ाते से निकल जाता है और मेरे एस.आई.पी. अकाउंट में जमा हो जाता है, तो मैं ज़्यादा ख़र्च नहीं कर सकता।

7. क्या सफलता का कोई 'मंत्र' या शॉर्टकट है?

हाँ। चूँकि हम अपना जीवन पहली बार जी रहे हैं, इसलिए हम नौसिखिए हैं। 'पराजित का खेल' खेलना छोड़ दें और हर चीज़ सोच-विचारकर उद्देश्यपूर्ण ढंग से करें।

8. मैं इंजीनियर के रूप में बेहतरीन काम करता हूँ। किसी को मेरे कपड़ों या हुलिए की परवाह क्यों होनी चाहिए?

हम चाहते हैं कि हमारे शरीर के सभी अंग सही तरीक़े से काम करें। हो सकता है कि कोई एक अंग उतना शक्तिशाली न हो। इसी तरह, ज़्यादातर कंपनियाँ चाहती हैं कि हम सभी अपनी उपस्थिति के प्रत्येक क्षेत्र में न्यूनतम पैमानों को क़ायम रखें। एक बार जब हम हर क्षेत्र में न्यूनतम पैमानों को पूरा कर देते हैं, तो हम कुछ क्षेत्रों पर ध्यान केंद्रित करके उत्कृष्ट बन सकते हैं।

9. मैं पढ़ना पसंद नहीं करता। मैं कैसे सीख सकता हूँ?

पुस्तकें पढ़ना सीखने के सबसे सस्ते तरीक़ों में से एक है। दूसरी तकनीकों में ऑडियो टेप्स (पॉडकास्ट) या वीडियो (यूट्यूब) शामिल हैं। हम उन कक्षाओं में जा सकते हैं, जहाँ कोई व्याख्यान दे रहा है। हम अपनी कंपनी के भीतर बातचीत या स्टडी ग्रुप शुरू कर सकते हैं।

10. मैं अपनी नौकरी या अपने मैनेजर को पसंद नहीं करता। मुझे क्या करना चाहिए?

यह मानते हुए कि आप अपनी कंपनी और उद्योग को पसंद करते हैं, मैं आपकी नौकरी के उन क्षेत्रों को पहचानने की सलाह देता हूँ, जिनमें आपको ज़्यादा आनंद आता हो। मेरे अनुभव में, ज़्यादातर कंपनियों की ज़्यादातर नौकरियों में 85 प्रतिशत दैनिक काम नीरस और दोहराव भरा होता है। सिर्फ़ 15 प्रतिशत काम ही नया या भिन्न होता है। अगर काम मज़ेदार होता, तो ज़्यादातर कंपनियों को इसे करने के लिए लोगों को पैसे नहीं देने पड़ते। फ़न पार्क की तरह ही लोग काम करने के बदले में पैसे देते। विशेषज्ञ सुझाव देते हैं कि जिन क्षेत्रों में हमें ज़्यादा आनंद आता है, वे संभवतः हमारी शक्तियों से जुड़े होते हैं। यदि हम इन क्षेत्रों में अतिरिक्त काम चाहते हैं, तो हम लंबे समय में आगे पहुँच जाएँगे।

जहाँ तक मैनेजर का संबंध है, शायद यह भावना उसकी भी होगी। शायद आपका मैनेजर आपको नापसंद नहीं करता। शायद वह केवल आपकी आदतों और व्यवहार को पसंद नहीं करता। हर व्यक्ति की अपनी

अनूठी कार्यशैली होती है। कुछ मैनेजर कर्मचारियों की आवश्यकताओं के प्रति अधिक प्रतिक्रियाशील होते हैं, जबकि दूसरे गंभीर होते हैं और ज़्यादा बात नहीं करते हैं। कुछ अन्य मैनेजर दोटूक बोलने वाले, अत्यधिक काम की अपेक्षा करने वाले और निर्णायक होते हैं। एक बार जब आप मैनेजर को इंसान के रूप में समझ लेते हैं, तो आप मैनेजर की आवश्यकताओं के अनुरूप अपनी कार्यशैली को ढाल सकते हैं।

11. मैं अपनी वर्तमान नौकरी को पसंद करता हूँ। मैं अपने गृहनगर के पास वाले शहर में जाना चाहता हूँ। मैं अपनी पसंद के शहर में ऐसी नौकरी खोजने में असमर्थ हूँ। मुझे क्या करना चाहिए?

मैंने अपने परिवार के क़रीब रहने के बजाय पेशेवर विकास और अवसरों को चुना था। नए ढाँचे में अच्छी नौकरी के ज़्यादातर अवसर छह-सात महानगरों तक ही सीमित हैं। अगर आप और आपका जीवनसाथी दोनों ही काम करते हैं, तो इस बात की संभावना नहीं है कि आपको अपने कार्यजीवन के 40 वर्षों के लिए किसी छोटे शहर में दो बेहतरीन नौकरियाँ मिल जाएँगी। हमें पेशेवर कारणों से किसी बड़े शहर में रहने के लिए तैयार होने की ज़रूरत है।

Notes

1. John P. Kotter, *The New Rules: How to Succeed in Today's Post-Corporate World* (Simon and Schuster, 1995).
2. Jim Collins, *Good to Great: Why Some Companies Make the Leap…and Others Don't* (Harper Collins, 2001).
3. Thomas Friedman, *The Lexus and the Olive Tree: Understanding Globalization* (Picador, 2012).
4. Peter Diamandis explains why we can look forward to abundance in our future in his inspiring TED talk. http://www.ted.com/talks/peter_diamandis_abundance_is_our_future.html
5. http://articles.economictimes.indiatimes.com/2013-04-02/news/38218110_1_engineering-collegesindia-big-draw
6. http://www.rediff.com/getahead/slide-show/slide-show-1-career-only-10-percent-mbasemployable/20130131.htm#1
7. Julie Bick, *All I Really Need To Know In Business I Learned At Microsoft: Insider Strategies To Help You Succeed* (New York: Pocket Books, 1997), p.150.
8. For a well-written story on multitasking, see: Dave Crenshaw, *The Myth of Multitasking: How 'Doing it All' Gets Nothing Done* (San Francisco: Jossey-Bass, 2008).
9. Edward M. Hallowell, M.D., *CrazyBusy: Overstretched, Overbooked, and About to Snap!* (New York: Ballantine Books, 2006).
10. http://www.cbsnews.com/8301-504763_162-57357895-10391704/internet-addiction-changesbrain-similar-to-cocaine-study/

11. For more research on distractions, see: Keller and Papsan, *The One Thing: The Surprisingly Simple Truth Behind Extraordinary Results* (Austin: Bard Press, 2012).
12. See also: Paul Glen, Leading Geeks: *How to Manage and Lead the People Who Deliver Technology* (Jossey-Bass, 2002), pp. 86-87.
13. http://www.linkedin.com/today/post/article/20130506104243-86541065-howgraduates-can-get-ahead
14. For members in the human resources department, please see this illuminating quote from a book I highly recommend. 'That is, HR professionals almost invariably define *business* as 'HR business' and are inclined to talk about their current initiatives in leadership training, recruiting, engagement, or rewards—the areas where they focus their attention on the job. These efforts are important but they are not the *business.* They are in support of the business. The real business is external: the context and setting in which the business operates, the expectations of key stakeholders (customers, investors, communities, partners, employees, and so forth), and the strategies that give a company a unique competitive advantage.'

    David Ulrich, Jon Younger, Wayne Brockbank, and Mike Ulrich, HR from the Outside In: Six Competencies for the Future of Human Resources (New York: McGraw-Hill, 2012), p. 7.
15. I was introduced to Locus of Control by Gazelles, Inc., an executive education firm. More details about Locus of Control available at https://en.wikipedia. org/wiki/Locus_of_control
16. Jo Owen, *The Leadership Skills Handbook: 50 Key Skills from 1,000 Leaders* (London: Kogan, 2006), p. 25.
17. Robert Bolton and Dorothy Grover Bolton, *People Styles at Work and Beyond* (American Management Association, 2009).

18. Stephen R. Covey, *The Seven Habits of Highly Effective People* (Free Press, 2004).
19. http://www.bus inessweek.com/magazine/content/09_26/b4137000552758.htm
20. Effectively prioritizing applies to all areas of life. For a good book see: David Allen, *Making It All Work: Winning at the Game of Work and the Business of Life* (New York: Penguin, 2008).
21. http://online.wsj.com/article/SB10001424127887324520904578551462766909232.html
22. Justin Kruger and David Dunning, 'Unskilled and Unaware of It: How Difficulties in Recognizing One's Own Incompetence Lead to Inflated Self-Assessments,' *Psychology* 1 (2009), pp. 30–46. https://www.math.ucdavis.edu/~suh/metacognition. pdf
23. The *New York Times* article accurately describes our challenges because of inactive lifestyle and easy availability of fried food and sweets everywhere. http://india.blogs.nytimes.com/2013/01/29/fighting-fat-at-india-inc-one-dosa-at-a-time/
24. The tomato is a great fruit. Since we use tomato for cooking, many of us refer to it as a vegetable. Read more about the fruit at http://en.wikipedia.org/wiki/Tomato
25. The University of Maryland Medical Center recommends eating tomatoes to help prevent kidney stones. http://umm.edu/health/medical/altmed/condition/kidney-stones
26. Professor Robert H. Lustig, M.D. has made a strong case for avoiding sugar, a processed food that causes obesity and disease. I strongly encourage you to take 90 minutes to watch this video. http://www. youtube.com/watch?v=dBnniua6-oM
27. http://journals.lww.com/acsm-healthfitness/Fulltext/2013/05000/HIGH_INTENSITY_CIRCUIT_

TRAINING_USING_BODY_WEIGHT_.5.aspx#

28. http://www.ifa.com/pdf/EllisCharlesThe_Loser's_Game1975.pdf
29. See also: Charles Ellis, *Winning the Loser's Game: Timeless Strategies for Successful Investing 6th Edition* (McGraw-Hill, 2013).
30. Jim Collins and Morten T. Hansen, *Great By Choice: Uncertainty, Chaos, and Luck – Why Some Thrive Despite Them All* (New York: Harper Business, 2011).
31. Jim Collins and Jerry Porras, *Built to Last: Successful Habits of Visionary Companies* (Harper Collins, 1997).
32. Stephen Covey, The SPEED of Trust: *The One Thing That Changes Everything* (Simon & Schuster Inc., 2006).
33. Geoff Smart and Randy Street, *Who: The A Method for Hiring* (Ballantine Books, 2008).
34. Marcus Buckingham and Curt Coffman, *First, Break All the Rules: What the World's Great Managers Do Differently* (Simon & Schuster, 1999).
35. Robert Bolton and Dorothy Grover Bolton, *People Styles at Work and Beyond* (American Management Association, 2009).
36. Michael Watkins, *The First 90 Days: Critical Success Strategies for New Leaders at All Levels* (Harvard Business School Press, 2003).
37. Michael Armstrong, *How to Be An Even Better Manager: A Complete A to Z of Proven Techniques and Essential Skills* (Kogan Page, 2011).
38. Bradberry and Greaves, *Emotional Intelligence 2.0.*
39. Mehmet C. Oz, M.D., and Michael F. Roizen, M.D., *You: The Owner's Manual. An Insider's Guide to the Body That Will Make You Healthier* (Harper Collins, 2008).
40. Jack Canfield, *The Success Principles: How to Get from Where You Are to Where You Want to Be* (Harper Collins, 2005).

लेखक के बारे में

एम.ए.क्यू. सॉफ़्टवेअर के संस्थापक और चीफ़ एग्ज़ैक्यूटिव ऑफ़िसर होने के नाते राजीव अग्रवाल उदीयमान टेक्नोलॉजी प्लेटफ़ॉर्म का उपयोग करने के लिए नवीनतम सॉफ़्टवेअर इंजीनियरिंग तकनीकें अपनाने पर ध्यान केंद्रित करते हैं। सन् 2000 में एम.ए.क्यू. सॉफ़्टवेअर की स्थापना करने से पहले राजीव ने माइक्रोसॉफ़्ट कॉर्पोरेशन, रेडमंड में लगभग 7 साल तक विज़ुअल सी, विंडोज़, और एक्सचेंज प्रॉडक्ट मैनेजमेंट समूहों में काम किया।

डिज़ाइन अनैलिसिस इंजीनियर के रूप में उन्होंने अपना करियर फ़्रिजिडएअर, वेबस्टर सिटी, आयोवा में शुरू किया और उत्तर अमेरिकी बाज़ार के लिए वॉशिंग मशीन डिज़ाइनों का विश्लेषण किया।

उद्यमी के रूप में राजीव अर्न्स्ट ऐंड यंग ऐंट्रेप्रेन्योर ऑफ़ द इयर (2010) पुरस्कार के अंतिम दौर में पहुँचे थे और वे कंपनी का विकास करके इसे 400 से अधिक विश्वव्यापी इंजीनियरों तक पहुँचा चुके हैं। अग्रणी अमेरिकी बिज़नेस मैग्ज़ीन *Inc.* ने एम.ए.क्यू. सॉफ़्टवेअर को अपने 'हॉल ऑफ़ फ़ेम' में शामिल किया। एम.ए.क्यू. सॉफ़्टवेअर को अमेरिका में लगातार छह वर्षों तक सबसे तेज़ी से विकास कर रही कंपनियों में से एक चुना गया - एक दुर्लभ उपलब्धि।

सॉफ़्टवेअर उद्योग संबंधी मुद्दों पर राजीव को मीडिया में व्यापकता से उद्धृत किया गया है, *जिनमें सिऐटल टाइम्स, प्यूजेट साउंड बिज़नेस जर्नल* और *बी.बी.सी.* शामिल हैं।

उनके पास इंडियन इंस्टीट्यूट ऑफ़ टेक्नोलॉजी, खड़गपुर से मेकैनिकल इंजीनियरिंग में बी.टैक. की डिग्री है, आयोवा स्टेट युनिवर्सिटी से मास्टर्स इन इंजीनियरिंग है और युनिवर्सिटी ऑफ़ मिशिगन बिज़नेस स्कूल, ऐन आर्बर से एम.बी.ए. की उपाधि है।

राजीव आई.आई.टी. खड़गपुर एल्यूमनाई फ़ाउंडेशन के बोर्ड मेंबर भी हैं और टी.आई.ई. सिऐटल चार्टर मेंबर हैं। वे एक ग़ैर-लाभकारी संगठन *फ़ाउंडेशन फ़ॉर एक्सीलेंस* चलाते हैं, ताकि ग्रामीण भारत में लड़कियों के लिए विज्ञान और गणित की शिक्षा सुविधाएँ प्रदान करें। जब वे सॉफ़्टवेअर जगत में नहीं होते हैं, तो वे पारंपरिक सूफ़ी संगीत सुनना और बैडमिंटन खेलना पसंद करते हैं।

शाहजहाँपुर, भारत के बाशिंदे राजीव और उनकी पत्नी अर्पिता अपने दो बच्चों के साथ बैलिव्यू, वॉशिंगटन में रहते हैं।

अपनी सफलता की कहानियाँ www.IITbook.com पर बता सकते हैं। आप लेखक से rajeev@maqsoftware.net पर संपर्क कर सकते हैं।